Briefe aus X.

über

den Schlüssel zum Weltall

oder:

Ein allgemeines Gesetz

für

die sichtbare, wie für die unsichtbare Welt.

Ein Versuch beim Publicum.

Berlin.
Bei Veit & Comp.
1856.

X. 1. Januar 1856.

Lieber R.....

Als ich vor einigen Tagen in meinem kleinen Privat-Park lustwandelte (Sie wissen, dass ich seit vier Wochen mein Zimmer, die Bibliothek, nicht mehr verlasse) und mich von ungefähr in den dunklen Hain der Natur-Philosophie verlor, hatte ich das unerwartete Glück, neben einem seiner vielen Irrgänge, wohl mit Hülfe eines plötzlich durch die Bäume brechenden Sonnenstrahls, einen Schlüssel zu finden, den ich nach genauer Besichtigung und Prüfung, soweit ich es im Stande bin, für nichts anderes halten kann, als für den Schlüssel zum Weltall. Da ich nun weiss, dass Ihr Weg Sie auch oft in jenen dunklen Urhain führt, und ich Sie namentlich vor kurzem noch in dem wunderlich verwachsenen Theil desselben herumirrend fand, den wir die Partie Oken nennen, so glaube ich Ihnen kein willkommneres Neujahrsgeschenk machen zu können, als indem ich Ihnen meinen gefundenen Schlüssel schicke.

Ohne Metapher und ohne Scherz, lieber Freund, ich denke im Besitz des Princips zu sein, welches durch die ganze Natur geht und gilt, des Gesetzes, welches alle Erscheinungen, sowohl der sichtbaren als auch der unsichtbaren Welt beherrscht und zu erklären bestimmt ist.

Ich hoffe, Sie wundern sich nicht und zweifeln nicht, dass diese Wahrheit, wonach die Weisen aller Zeiten vergeblich gesucht haben, jetzt auf einmal gefunden sein sollte und überdies von mir. Einmal musste sie der Menschheit doch geschenkt werden, (denn daran zweifeln, hiesse an Gottes Güte und am Fortschritt des menschlichen Geistes verzweifeln) warum also nicht in dieser Zeit, die der Wahrheit mehr als eine bedarf? und warum nicht durch den einen Menschen sowohl, als durch den anderen? warum eher durch den Weisen von Profession, als durch den Dilettanten in der Philosophie? Ist diese Wahrheit doch so einfach, dass sie sich dem schlichten Denken leichter erschliessen muss, als der systematischen Speculation; sie liegt einem Jeden vor den Füssen, er hat sie nur aufzuheben; es ist das Ei des Columbus. — Am wenigsten darf Ihren Zweifel und Ihre Verwunderung erregen, dass diese Wahrheit in Deutschland gefunden werden sollte. Deutschland, das so wesentlicher Vorzüge entbehrt, in deren Genuss andere Nationen sich befinden, und das für diese Enterbung im Irdischen sich durch Eroberungen im ewigen Reiche des Geistes zu trösten und zu entschädigen gesucht hat, Deutschland scheint vor Allen berufen und ausersehen, auch diese grosse Entdeckung der Menschheit zu schenken. Auch hat ja dieser höchsten und tiefsten Wahrheit, diesem Urgrund und Gipfelpunkt aller Dinge, von jeher und vor allen Anderen die Forschung unserer Philosophie gegolten, immer hat sie, wie jene edle deutsche Fürstin an Leibnitz, an den ewigen Geist die Frage gestellt, nicht allein nach dem pourquoi, sondern auch nach der raison du pourquoi aller Dinge im Himmel und auf Erden. Warum sollte der hohen geistigen Königin der Menschheit nicht vorzugsweise die Antwort auf ihre wiederholte, dringende Frage werden?

Dass unsere Natur-Philosophen von Jacob Böhme bis auf Schelling diese Antwort nicht erhalten haben, wissen Sie, denn Sie kennen sie und haben sie studirt, ohne dass

Sie das Gesuchte darin gefunden hätten. Von Schelling, der für den grössten unserer Naturphilosophen gilt, wird zwar gesagt, dass er „die neuere Naturwissenschaft zur Philosophie erhoben habe", aber zugleich wird von dem ihm sehr günstigen Beurtheiler, dem ich hier folge, doch zugegeben, dass er „das Ziel nicht erreicht habe". Und wenn dieser Beurtheiler die Schellingsche Lehre vom Parallelismus und ihre Regel eines allgemeinen Gegensatzes in der Natur, die Ihnen bekannt ist, auch für „unumstösslich" hält, so gesteht er doch ein, dass von dieser Lehre „kaum mehr als die erste Formel vorhanden ist". — Diese Formel ist nun aber, behaupte ich, nicht unumstösslich und nicht die wahre.

Sie können und werden mich hier fragen, ob denn nun meine Formel die wahre und ob sie im besten Falle mehr als wieder nur eine Formel sei.

Das erstere zu zeigen ist meine Aufgabe, das letztere könnte ich von vornherein unbedenklich zugeben, ohne dass es mich oder Sie, oder andere Befähigtere von der Verfolgung und Prüfung der gefundenen und ausgesprochenen Formel abhalten dürfte. Wie sollte ich mir auch einbilden, mehr geben zu können, als selbst Schelling eingestandenermassen gegeben hat? Um eine aufgestellte naturphilosophische Formel an den Erfahrungen der Empirie zu prüfen müsste man das ganze unermessliche Gebiet der gesammten Naturwissenschaften umfassen und beherrschen, müsste in Einer Person Copernicus, Gallilei, Kepler, Newton, Linné, Franklin, Haller, Buffon, Laplace, Cuvier, Gall, Werner, Humboldt, Buch, Oersted u. s. w. u. s. w. zugleich sein. Auch Schellings System ist ja nicht im Einzelnen von ihm selbst ausgebildet, sondern erst durch seine Schüler Steffens, Wagner, Görres, Oken, Schubert und Eschenmayer auf besondere Zweige der Naturwissenschaft angewendet und an denselben zu bewähren versucht worden. Aber mein System, welches ich schon durch das begründen zu können glaube, was mir als Dilettanten auf dem Gebiete der Naturwissenschaften geläufig und zugänglich ist, hat das vor allen früheren voraus, dass seine Formel nur ausgesprochen und dargelegt zu werden braucht, um sogleich durch ihre Klarheit und Einfachheit und wie von selbst jedem denkenden Menschen einzuleuchten. Denn Jeder wird augenblicklich inne werden, dass er diese Wahrheit eben so gut selbst hätte finden und aussprechen können, ja dass er sie eigentlich schon besessen habe, dass sie ihm nicht neu sei, ein Gefühl, welches immer das sicherste Kriterion aller grossen Wahrheiten, und auch dieser, sein wird. Ich möchte diese Erscheinung mit einem Blitze vergleichen, der einem anderen Blitze begegnet und sich mit ihm vereinigt, so dass man nicht mehr sagen kann, welcher zuerst da war und welcher von beiden den anderen hervorgelockt hat; die Electricität war eben auf beiden Seiten angehäuft, hier als Plus- dort als Minus-Electricität, aber Electricität dort, wie hier; da schlug sie in einen Blitz gleichzeitig zusammen um weiter zu leuchten und zu zünden. So ist es mit jeder grossen Wahrheit, die gefunden wird, wenn ihre Zeit gekommen ist; sie war schon vorhanden in der lebenden Menschheit; sie war in ihr heran- und ausgebildet, gezeitigt; jetzt ist sie reif am Baume der Erkenntniss, es bedarf nur eines Hauches und sie fällt ab. — Ist die Wahrheit, die ich hier meine, nun eine solche — und das glaube ich — so habe ich nichts zu thun, als sie, da ich durch Zufall oder Schickung zuerst unter jenen Baum geführt wurde, aufzuheben und vorzuzeigen: der menschliche Geist wird sie als sein Eigenthum erkennen, empfangen, ausbilden und verwenden.

Sie werden nun wünschen, lieber Freund, dass ich Ihnen endlich meine angekündigte Zauberformel mittheile. Ich bin dazu bereit; da dies aber doch nicht wohl mit einem Worte thunlich ist, so muss ich es mir für einen zweiten Brief versparen. Diesem will ich unterdessen noch einige Andeutungen hinzufügen, welche bestimmt sind,

Ihnen im Voraus ein günstiges Vorurtheil für mein System zu geben.

Ich denke nämlich, dass Sie, so wie ich, immer grossen Anstoss an den „Kräften“ genommen haben, womit alle naturwissenschaftlichen und philosophischen Systeme mehr oder weniger freigebig die Natur beschenken. Da ist von Centrifugal- und Centripetal-Kraft, von Anziehungs- oder Schwerkraft, von Lebenskraft, von electrischer und magnetischer Kraft und noch von vielen anderen Naturkräften der Materie die Rede. Haben Sie sich je etwas dabei denken können? ist der Ausdruck „Kraft“ hier wohl mehr als ein Wort? ein Wort, das eingestellt worden ist, weil der Begriff fehlte? Kann der Materie Kraft beigelegt werden? eigne, ihr inwohnende, ihr Princip in sich selbst habende Kraft? — Nur der grobe Materialismus kann dies wirklich annehmen und behaupten; und bei den besseren Naturforschern und Philosophen kann zur Annahme einer so unangemessenen Bezeichnung nur die Verzweiflung geführt haben, die Erscheinungen in der sichtbaren Welt zu begreifen und zu erklären. — Sind wir hierüber nun gleicher Meinung — und ich glaube dessen gewiss zu sein — so wird es Sie freuen und für mein System einnehmen, wenn ich Ihnen sage, dass in demselben die Natur keine eignen Kräfte hat, noch der Materie auch nur eine Kraft beigelegt wird, sondern dass danach alle Erscheinungen der sichtbaren Welt (um für jetzt nur von dieser zu reden) aus Einem Gesetz erklärt werden können, dem einigen, allgemeinen, allgültigen Naturgesetz.

So habe ich Ihnen denn für heute nur mein Heureka! zurufen wollen. Aber ich bemerke zu spät, dass ich mich dabei nicht weniger bloss gegeben habe, als jener griechische Philosoph, der mit diesem Rufe nackt aus dem Bade über den Markt von Athen rannte, um seinen Fund zu verkündigen. Ganz so arg habe ich mich nun wohl nicht compromittirt, Sie allein haben mich in meiner Blösse gesehen, und Sie werden mich nicht verrathen. Aber auch vor Ihnen werde ich künftig weniger marktschreierisch und weniger ungenirt erscheinen. Es kam mir fürerst nur darauf an, Ihre Aufmerksamkeit zu erregen. Ich hoffe sie bleibt mir jetzt für die nun folgende Untersuchung und Darstellung.

Bis dahin

von Herzen
d. I.
X.

X. 3. Januar 1856.

In meinem System, sagte ich, kommen der Natur keine Kräfte zu. Lassen Sie uns bei dieser Negation wieder anknüpfen und von ihr zur Entwickelung unsers Naturgesetzes vorschreiten. Und lassen Sie uns zugleich von der kleinsten Materie, einem Molekul, wie die Naturwissenschaft sagt, ausgehen, um von da stufenweise zu den grossen, im Raume schwebenden Weltkörpern und bis zu den grössten und fernsten, die nur noch dem Gedanken erreichbar sind, aufzusteigen.

Wir beginnen mit dem Sandkorn. Um dies aus der Luft auf die Erde fallen und darauf liegen zu lassen, braucht man die Schwerkraft und die Kraft der Trägheit, Worte statt einer Erklärung; doch begnügt man sich auch mit der Anziehungskraft der Erde, wobei sich schon eher etwas denken lässt. Denn auch wir nehmen an, dass der Mittelpunkt der Erde in Beziehung steht mit allen Körpern im Bereich ihrer Atmosphäre, dass diese einen Zug haben zum Centrum der Erde und dass letzteres eine Anziehung auf sie übt. Wir geben also diese anziehende (nicht Kraft sondern) Eigenschaft der Erde zu. — Woher kommt ihr aber diese Eigenschaft? Gehen wir weiter, schreiten wir vom Sandkorn zu unserer Erdkugel fort und wir werden es sehen.

Die Erde beschreibt eine Bahn um die Sonne. Um dies Phänomen zu erklären, hat man zwei Kräfte, die Centripetal- und die Centrifugalkraft und das Zusammenwirken beider annehmen müssen. Dabei bleibt die bewegende Ursache der Centrifugalkraft unerörtert, die Centripetalkraft aber erklärt man wieder durch die Anziehungskraft der Sonne. Indem wir jene Ursache gleichfalls, für jetzt, unerörtert lassen, geben wir wieder die Anziehung der Sonne als Eigenschaft zu und fragen wie vorher: woher kommt ihr diese? Nun beantworten wir wohl abermals diese Frage nicht, aber, statt weiter zu gehen, wenden wir uns vielmehr zurück zu der früheren, ähnlichen Frage und antworten nunmehr auf diese so: das Centrum der Erde wirkt anziehend auf das Sandkorn, weil die Erde vom Centrum der Sonne angezogen wird. Und damit gehen wir weiter.

Die Sonne ist der Mittelpunkt unsers Weltsystems. Aber das unsrige ist nicht das einzige. Die Astronomie lehrt uns, dass es noch unzählige und unermessliche Sonnensysteme ausser und über dem unsrigen giebt, von denen die Sterne, die wir Fixsterne nennen, weil sie uns unbeweglich scheinen, als die Centren und Sonnen angesehen werden. Von unserer Sonne, welche der gewöhnlichen Betrachtung auch unbeweglich erscheint, wissen wir ferner, dass sie sich nicht allein um ihre Axe dreht, sondern auch fortbewegt. Sie hat also auch ihre Bahn und ein Centrum derselben, und in dem System höherer Ordnung, dem sie angehört, ist sie dann nur ein Planet, der unsere Erde und die Planeten unseres Systems zu Monden oder Trabanten haben würde. Und ähnlich kann wieder das Verhältniss der Sonne unserer Sonne zu einem noch mächtigeren und höheren Centrum sein — und so fort durch den ganzen Himmelsraum bis zur Erschöpfung aller denkbaren Zahlen und selbst der Phantasie, die vor der Milchstrasse und den ungeheuren Nebelflecken, die auch schon wieder als unzählige Sterne erkannt werden, erblassen muss.

Aber wie unzählig und unermesslich wir uns auch die im unendlichen Raume kreisenden Weltsysteme denken mögen, am Ende müssen wir doch zu einem letzten, höchsten oder innersten Centrum, zu einer Central-Sonne gelangen. Eine solche wird denn auch bekanntlich ziemlich allgemein angenommen. Für unseren vorliegenden Zweck ist es nicht von Belang, ob unsere Sonne einen s. g. Fixstern zum Centrum ihrer Bahn hat, und dieser wieder einen anderen u. s. w. u. s. w. bis zur Central-Sonne, oder ob sie ihre Bahn schon selbst um die Central-Sonne beschreibt, mit anderen Worten, ob sie nur mittelbar oder gleich unmittelbar mit dem Mittelpunkt des Weltalls in Beziehung steht. Der Kürze halber wollen wir das letztere annehmen, um, wenn wir jetzt wieder fragen, warum die Erde von der Sonne angezogen wird, sogleich antworten zu können: weil die Sonne von der Central-Sonne, als dem Mittelpunkt ihrer Bahn angezogen wird.

So wären wir also vom Sandkorn durch die Erde und die Sonne, und von dieser (mit Ueberspringung unzähliger Zwischen-Sonnen) zur Central-Sonne aufgestiegen und hätten zwischen allen Gliedern dieser Kette eine wechselseitige Beziehung behauptet, einerseits einen Zug von Aussen zum Mittelpunkte, von unten nach oben, vom Kleinern zum Grössern, andrerseits eine Anziehung vom Mittelpunkte nach Aussen, von oben nach unten, vom Grösseren zum Kleineren angenommen. Ist diese Annahme nun richtig und kann sie erwiesen werden, so werden wir mit Ueberspringung aller Mittelglieder auch sagen können: das Sandkorn steht in Beziehung zur Central-Sonne, es hat einen Zug zum Mittelpunkt des Weltalls und wird von ihm angezogen. Und so wäre ein Gesetz gefunden, welches das ganze Universum in eine ununterbrochene Beziehung setzte, indem es allen Theilen der Materie vom Grössten bis zum Kleinsten ein Wechselspiel von Zug und Anziehung beilegte, ein Gesetz, das wir in Ermangelung eines umfassenderen Ausdrucks, vorläufig das der Centri-Tendenz nennen könnten.

Ich weiss, Sie fühlen sogleich wie weittragend und tiefgehend der in einem solchen Gesetze liegende Gedanke wäre und ich darf wohl annehmen, dass Sie wünschen, meine Behauptung möchte zu begründen sein. Das ist die Disposition, in der ich Sie zu sehen wünschte und deswegen habe ich mich so lange bei der Einleitung aufgehalten. Sie werden mich jetzt, das hoffe ich sicher, nicht allein mit Interesse und Erfolg wünschend auf meinem ferneren Wege begleiten, sondern mich auf demselben auch durch eignes Nachdenken, Forschen, Mitarbeiten unterstützen. Lassen Sie uns jetzt also mit vereinten Kräften die Entwickelung und Begründung unsers Naturgesetzes antreten. Wir gehen diesmal nicht von unten, vom Sandkorn, sondern von oben, vom höchsten Centrum aus.

Es ist Ihnen bekannt, dass zuerst Laplace, nach einem Gedanken von Herschel jedoch, wenn ich nicht irre, die Hypothese aufgestellt hat, dass die Erde und ihre Mitplaneten aus der Sonne hervorgegangen, also eine Absonderung und Ausfluss, eine Schöpfung der Sonne seien; und Sie wissen auch, dass diese Annahme durch fernere Forschung und Combination, ja selbst durch ein Experiment, auf das ich Sie später aufmerksam machen werde, seitdem zur höchsten Wahrscheinlichkeit erhoben und von der Wissenschaft adoptirt worden ist. Nach der Analogie haben wir nun das Recht, diesen Lehrsatz auch auf die Central-Sonne anzuwenden, die wir der Kürze wegen als das Centrum der Bahn unsrer Sonne angenommen haben, von der diese also gleichfalls eine Schöpfung oder Emanation sein würde, und zwar auf dieselbe Weise, nämlich in Folge des Umschwungs der Central-Sonne, der dadurch bewirkten Loslösung eines Ringes, welcher alsdann zerreisst und sich aufrollt und eine Kugel bildet, die ebenso wieder kleinere Kugeln ausscheidet u. s. w. u. s. w. wie Ihnen Alles das hinlänglich bekannt ist.

Mit dieser analogen Annahme wären wir also nun in die erste, innerste und höchste Werkstatt, in die Ur-Fabrik des Weltalls eingetreten, hätten ihre Maschine in Thätigkeit gesehen und zu begreifen gesucht, wie sie arbeitet. Wäre dies nun auch wirklich richtig von uns erkannt worden, so bleibt uns doch die innerste, höchste und eigentliche Triebkraft des Ganzen immer noch verborgen und wir sehen und entdecken nichts von ihr. Da wäre nun nichts einfacher und natürlicher, als dass wir die bewegende Kraft der Urmaschine, die wir in ihr selbst nicht finden können, dem grossen Werkmeister zuschrieben, den wir schon anderweit aus seinen Werken kennen, und dass wir uns an dieser Auskunft im Glauben genügen liessen. Wir könnten dies allerdings, aber wir dürfen es doch nicht, sobald wir uns einmal auf eine philosophische Beweisführung eingelassen haben, ganz besonders aber nicht, wenn es sich, wie hier, um die Materie handelt. Es ist, wie in den constitutionellen Kammern, so auch in der Philosophie, nicht erlaubt, die Person des Monarchen in die Verhandlung zu ziehen, weil dadurch die Debatte unfrei, oder ganz abgeschnitten werden würde. Philosophische, wie parlamentarische Maxime und Praxis ist es daher, den Allerhöchsten gar nicht zu erwähnen, sondern ihn, wenn es unumgänglich wird, nur indirect zu bezeichnen, indem man von der Regierung, den Absichten oder dem leitenden Gedanken, der obersten Macht spricht und darunter die Person selbst versteht, welche regiert, beabsichtigt, leitet und denkt. Doppelt sind wir aber hier aufgefordert, uns der Herbeiziehung eines persönlichen und geistigen Urhebers zu enthalten, weil wir es nur mit der materiellen Welt zu thun haben und uns bei Betrachtung derselben so viel als möglich materialistisch verhalten müssen. Bisher haben wir dies thunlichst beobachtet, weil wir wünschten, uns auf unserem Wege so lange als möglich der Begleitung unserer materialistischen Freunde, der Bekenner des Unglaubens an den Geist, zu erfreuen. Und wenn es unter ihnen, wie ich nicht zweifle, starke Geister, oder vielmehr starke Gehirne giebt, deren Gespensterfurcht nicht so weit geht, dass sie vor jedem Baume am Wege erschrecken, weil er ja doch hohl sein und der überall lauernde und drohende Geist darin stecken könnte, so dürfen wir vielleicht hoffen, dass Einige von diesen uns wirklich bis hieher gefolgt sind. Werden sie dies aber auch ferner thun können? Jch fürchte, nein wenn sie nicht in verdammliche, geistige Ketzerei verfallen und Gefahr laufen wollen, ihren reinen Unglauben zu beflecken, ja wohl gar an ihm Schiffbruch zu leiden. Denn ich muss sie jetzt darauf aufmerksam machen, dass wir bei der allmähligen, stufenweisen Entwickelung des Weltalls aus dem Mittelpunkte nicht werden umhin können, einen dieser materiellen Entwickelung zum Grunde liegenden Gedanken anzunehmen. So sehr wir nämlich bei dieser Betrachtung uns auch lediglich an unsere Materie, die Materie der Central-Sonne, halten mögen und uns allein auf sie beschränken, so werden wir doch, nachdem wir einmal aus der Analogie erkannt haben und annehmen, dass dieser Mittelpunkt der Welt bestimmt ist, einen anderen Weltkörper aus sich und durch diesen wieder andere und so successive das Weltall zu erschaffen, immerhin nicht vermeiden können, vorauszusetzen oder zuzugestehen, dass zu diesem Zweck ein Gedanke, eine Absicht, ein Plan in der Ursonne liegen muss, dass mithin ein Gesetz in ihr waltet und lebt, nach dem sie verfährt, und welches auch weiter walten und regieren muss, um den von ihr ausgegangenen Gedanken und Plan bis zur Vollendung durch alle Glieder durch- und auszuführen. Jener ursprüngliche Gedanke der Ursonne kann nun, nach dem Vorhergehenden, kein anderer sein, als der Gedanke der Erschaffung und Entwickelung, oder mit einem Worte der Schöpfungs-Gedanke; und das in Folge dessen von ihr ausgehende, das Weltall durchziehende und bildende Gesetz ist das Gesetz der Schöpfung und Entwickelung, oder kurz das Schöpfungsgesetz.

So nothwendig dies nun auch dem folgerechten Denken aus dem Vorhergehenden sich ergiebt, so halte ich diese Annahme doch für höchst gefährlich für unsere oben gedachten Freunde und warne sie ernstlich und wohlmeinend davor. Nur keinen Gedanken für die Erschaffung und Bewegung der Materie zugegeben! Sie öffnen damit dem Geiste Thür und Thor ihres Systems; dieser böse Feind ist im Stande, sich in einen Engel der Materie zu verkörpern, um sie sicherer zu betrügen; und das Gift des Glaubens an den Geist ist so fein, dass man sich nicht genug davor hüten kann. Also rathe ich zur Umkehr, so lange es noch Nacht ist; es kommt der Tag, da Niemand wirken kann mit der Materie. Wollen sie aber auf diese warnende Stimme nicht hören und trotzdem mit uns weiter gehen, so sage ich ihnen voraus, dass sie von nun an immer an der Hand der Materie, die durch ihre Schuld freilich schon vom Geiste befleckt und geschwächt ist, Schritt vor Schritt zu Resultaten kommen werden, die sie geradeswegs ins Verderben, d. h. zum Leben des Geistes führen müssen.

Gehen wir nun an der Hand des nothwendig anzunehmenden Schöpfungsgedankens und Schöpfungsgesetzes weiter, so kommen wir gleich zu den wichtigsten Folgerungen.

Doch ich merke, dass ich mit diesen heute doch nicht zu Ende kommen würde; ich breche also lieber hier ab, bis morgen.

Unterdessen

von Herzen

d. I.

X.

X. 5. Januar 1856.

Nachdem wir die Entstehung und regelmässige Entwickelung des Weltalls nicht mit Denen, die uns jetzt nicht weiter begleiten dürfen, dem blinden Ungefähr und sinnlosen Zufall zuschreiben konnten, sondern vielmehr einen bestimmten Sinn und vernünftigen Plan darin erkannt und demzufolge angenommen haben, dass ein Gedanke in der Ursonne, von wo die Schöpfung ausgeht, liegen müsse und dass dieser als waltende Regel fortwirke, was wir den Schöpfungsgedanken und das Schöpfungsgesetz nannten, so ergeben sich hieraus zunächst diese Folgerungen:

Die nach der Analogie an der Central-Sonne gefundene Eigenschaft ist also gerade die, welche sie, zufolge des Schöpfungsgedankens, zu dem vorgesetzten Zwecke haben musste und das, was wir mit und durch sie vorgehen sehen, musste auf diese Weise an ihr geschehen, damit der Gedanke der Erschaffung der Welt aus der Central-Sonne ausgeführt, realisirt werde, kurz damit dieser Gedanke zur Welt komme. Denn: um zu erschaffen, musste diese Bewegung von Innen nach Aussen gehen und durch Umschwung und Ausdehnung sich zur Kugel (zugleich die vollkommene Form) bilden; um zu erschaffen musste diese Kugel Theile von sich zu einer zweiten (oder mehr als einer) kleineren Kugel ausscheiden und entlassen; und um ferner zu erschaffen, musste die Ursonne diesem ersten und unmittelbaren Erzeugniss ihres Wesens nicht allein ihre Eigenschaft des Umschwungs mittheilen, sondern diesen ausgeschiedenen Theil ihrer selbst damit nicht auch so von sich abscheiden, dass sie dadurch ausser Stande gesetzt würde, die Erschaffung durch ihn mittelbar und in der begonnenen Weise (nach dem Schöpfungsgesetz) fortzusetzen; die Ursonne musste also zu diesem Zwecke ihre Ausgeburt vielmehr in einer solchen Abhängigkeit von sich erhalten, dass dieselbe eine Bahn um sie zu beschreiben genöthigt und damit in die Lage gesetzt und befähigt wäre, ihrerseits wieder Weltkörper von sich auszuscheiden, die dann in gleicher Weise wiederum u. s. f. u. s. f.

So haben wir also an und mit der durch die Central-Sonne, zufolge des in ihr liegenden Gedankens, bewirkten und fortgesetzten Erschaffung der Welt das Schöpfungsgesetz entstehen sehen und es erkannt, wie es von Innen nach Aussen, vom Grösseren zum Kleineren das Universum erschafft und erhält; denn Schöpfung ist Beides: Erschaffung und Erhaltung.

„Also, können Sie mir hier einwerfen, wenn der Schöpfungsgedanke ein anderer gewesen wäre, mithin sich in anderer Weise realisirt hätte, würden wir auch ein anderes Schöpfungsgesetz die Welt bilden und durchziehen und also sie heute noch erhalten sehen?"

Ganz gewiss, antworte ich, und haben Sie sich wohl schon selbst geantwortet: Denn das Schöpfungsgesetz ist für die Welt erst an und mit und zugleich mit ihrer Erschaffung entstanden, es ist das ihr angeborne, homogene Gesetz, ihr historisches Gesetz. Wenn die Erschaffung und Fortbildung des Weltalls auf eine andere Weise vor sich gegangen wären, so könnten und müssten wir ebensowohl ein anderes allgemeines Naturgesetz haben. Nun haben wir aber nach der Analogie der Entstehung unserer Sonne geschlossen, dass diese auf gleiche Weise aus der Central-Sonne (gleichviel ob unmittelbar oder mittelbar) entstanden ist. Ist diese Theorie richtig, so haben wir nun das wirklich bestehende und waltende Schöpfungsgesetz, also das allgemeine Naturgesetz der Materie gefunden und erkannt. Und auf dieses allgemein gültige Gesetz müssen sich nun alle Erscheinungen an der Materie zurückführen, und sich aus demselben erklären lassen, statt durch die nichtssagenden, für die verschiedenen Arten jener Erscheinungen eigens erfundenen „Kräfte.“

Ich glaube bis hieher meinen Gedanken folgerichtig und deutlich, für Sie wohl mehr als nöthig, entwickelt zu haben, und ich könnte wohl mit dem Ergebniss desselben jetzt in Ihrer Begleitung weiter gehen. Um aber doch möglichen Zweifeln und Einwürfen zuvorzukommen, will ich hier das obenerwähnte, Ihnen vielleicht nicht bekannte Experiment einschalten, welches mir dienen kann, nicht allein die Entstehungs-Theorie des Weltalls zu unterstützen, sondern auch die Vernünftigkeit meines aus derselben abgeleiteten Naturgesetzes daran zu zeigen.

Jenes Experiment, welches Professor Plateau in Gent schon vor längerer Zeit machte, bestand in Folgendem. Er goss Oel zu einem Gemisch von Weingeist und Wasser in ein Glas, worin von oben bis unten eine senkrechte Spindel befestigt war, die in der Mitte eine kleine Scheibe hatte. Das Oel senkte sich weder zu Boden, noch schwamm es obenauf, sondern es sammelte sich in der Mitte zu einer Kugel, rund um die Scheibe. Drehte man nun die Spindel, so kam die Oelkugel mit der Scheibe ihres Mittelpunktes in Umschwung, plattete sich zuerst an den Polen ab, ward dann, bei schnellerem Drehen, mehr und mehr und am Ende gänzlich flach, löste ferner sich als Ring vom Mittelpunkte los, endlich zerriss dieser Ring und es bildeten sich aus ihm viele grössere und kleinere Oelkügelchen, die fortfuhren sich, wie der Ring, um ihr Centrum zu bewegen und zugleich wie dieses, sich um sich selbst zu drehen. Andere dagegen — diese Erscheinung, die meinem System zu widersprechen scheint, dient vielmehr zu seiner Vervollständigung — andere Oelkügelchen verliessen zwar die Bahn ihres Centrums, beschrieben aber sehr bald, in Folge der der ganzen Flüssigkeit im Glase mitgetheilten Bewegung, eigne Bahnen, indem sie sich zugleich immer, wie ihr verlassener Mittelpunkt und in derselben Richtung, um ihre Axe drehten. Endlich fehlte es auch nicht an noch kleineren Oelkügelchen, die sich von den ersten kleinen absonderten und die anfängliche Erscheinung als Trabanten dieser letzteren wiederholten und abspiegelten.

Da haben Sie in nuce die ganze Kosmogonie. Setzen Sie für das gedrehte Scheibchen den belebten Mittelpunkt des Universums, für die ausgeschiedenen grösseren, kleineren und kleinsten Oelkügelchen Sonne, Planeten und Monde und für die, welche mehr oder weniger eigene Bahnen verfolgen, die Kometen und andere Weltkörper, bis zu den Aërolithen herab, welche durch die dem ganzen Weltraum mitgetheilte Bewegung in die Irre gerathen sind, bis sie wieder ein Centrum oder das Ende ihrer Bahn gefunden haben, so haben Sie hier im Kleinen, was bei Erschaffung der Welt im Grossen vorgegangen ist und auf gleiche Weise noch immer vorgeht.

Denn die Schöpfung des Weltalls ist ein fortlaufender Act des Schaffens und Erhaltens und Entwickelns. Wir sehen im tiefsten Himmel Sterne auftauchen, da wo bisher keiner war; andere von ihren bekannten Stellen verschwinden; noch andere die Farbe ihres Lichts oder dessen Intensität verändern. Und noch deutlicher ist diese fortdauernde Schöpfung an den uns näher stehenden Planeten zu beobachten, z. B. am Saturn, dessen Ring noch Veränderungen unterworfen zu sein scheint, so dass dieser so geringe Dichtigkeit besitzende Weltkörper (nur halb so viel als Wasser) sehr wohl im Stande wäre, sich aus seinem Ringe noch einmal einige Trabanten mehr zu bilden. Unsere Erde dagegen mit ihrer grossen Dichtigkeit scheint mit der Erschaffung des Mondes ihr Letztes gethan zu haben und zu ferneren Creationen nicht mehr geschickt zu sein. Der Mond endlich, der nicht einmal eine Atmosphäre hervorzubringen im Stande ist, macht zwar, um sich doch auch im Schaffen zu versuchen, kindliche Anstrengungen etwas auszuscheiden, bringt es aber nur bis zum Auswerfen von Blöcken aus seinen Vulkanen; da er sie aber in seiner atmosphärischen Schwäche nicht in seiner Gewalt behalten kann, so bleiben es blosse Excentritäten, d. h. die Mondsteine verlassen ihr Centrum und fallen, wenn anders diese Hypothese keine Verläumdung des guten Mondes ist, als Aërolithen auf unsere Erde, als das Centrum der Mondbahn, also auch ihr nächstes Centrum.

Entschuldigen Sie diese Abschweifung und erlauben Sie mir noch einmal zum Experiment des Professor Plateau zurückzukehren, um daraus die Vernünftigkeit der Annahme unsers Naturgesetzes zu demonstriren. Zu dem Ende müssen Sie sich einen Augenblick vorstellen, dass eins der kleineren Oelkügelchen (also im Glase des Professors das, was die Erde in unserem Planetensystem) von vernünftigen Wesen bewohnt wäre und dass diese Infusorien, ebenso wie wir Erdenbewohner, über die Rotation ihres Kügelchens und seine Bahn um ein grösseres reflectirend, gleichfalls auf die Idee der Annahme von „Kräften" gekommen wären, um jene doppelte Bewegung zu erklären. Träte nun dagegen ein anderes Aufgussthierchen mit meiner Theorie auf (was also wohl mich bedeuten wird) so würde es damit natürlich von allen infusorischen Naturkundigen verhöhnt werden. Aber glücklicher als ich würde dieses Thierchen seinen Satz ad oculos demonstriren können. „Wartet nur, sehr gelehrte Mitinfusorien, würde es sagen, ihr werdet bald erfahren, dass ich Recht habe, wenn ich behaupte, dass wir keiner andern Bewegung und keinem anderen Gesetz folgen, als denen, welche der Herr Professor da oben in die kleine Scheibe im Mittelpunkte gelegt hat, als er sie in Umdrehung setzte, dass wir, so wie unser Oelsonnchen, also eigentlich immer noch mit dieser Scheibe zusammenhangen und zu ihr gehören, wie dies auch anfangs noch lange durch ein feines Oelfellchen deutlich angezeigt war. Sie glauben mir nicht, meine Herren; schon gut, „qui vivra verra.“ Mein Aufgussthierchen-Doppelgänger hatte kaum ausgesprochen, als Professor Plateau aufhörte die Spindel zu drehen. Und siehe da, die Theorie meines mikroskopischen Ichbildes fand sich glänzend bestätigt: zum Beweise, dass sie noch Theile ihres Ursprungs und Mittelpunktes, von ihm fortwährend, nach dem Gesetz ihrer Entstehung, abhängig und ihm angehörig waren, sammelten sich alle Oelkügelchen wieder um die Scheibe, sobald das Leben und die Kraft, die von dort auf sie übergegangen war (denn von sich selbst hatten sie keine) aufgehört hatte. — Glauben Sie nun wohl, dass nach einer solchen Erfahrung ein sie überlebender infusorischer Naturforscher dennoch an der Theorie der verschiedenen Kräfte in der Materie festgehalten hätte? Möglich ist es, aber es scheint mir nicht vernünftig und wir haben doch diese Infusorien als vernünftige Wesen angenommen. Wir vernünftige Erdenbewohner können nun zwar die Erfahrung der fingirten Oelkügelchenbewohner nicht an uns selbst machen, aber scheint es Ihnen nicht vernünftig, dass wir sie benutzen und auf uns anwenden, die Theorie von Laplace mit dem Experiment von Plateau combiniren und hieraus auf die Richtigkeit des gezeigten allgemeinen Naturgesetzes schliessen? — Thun Sie das mit mir, so müssen wir nunmehr sagen: nicht, weil der Apfel vom Baume uns auf die Nase fällt und wir diese und andere Erscheinungen uns zu erklären suchen, dürfen wir der Materie Kräfte zuschreiben, die ihr von sich selbst nicht zukommen können, und hier unten, auf einem Pünktchen der Peripherie, Gesetze für das Weltall daraus ableiten, sondern umgekehrt: weil dort oben im Mittelpunkt, ein bestimmtes Schöpfungsgesetz, so und nicht anders mit und an der uranfänglichen Erschaffung der Welt entstanden und von ihm ausgegangen ist, fortgewirkt hat und immerdar in allem Geschaffenen waltet und regiert, deswegen und aus keinem anderen Grunde bewegt sich die Sonne um die Central-Sone, ihr Ursprungs-Centrum, die Erde um die Sonne desgleichen, der Mond um die Erde ebenso; und eben deswegen schwingt der am Bande befestigte Stein sich um sein Centrum; und fällt nach demselben Princip das Sandkorn aus der Atmosphäre auf die Erde; Alles das nach dem Vorbilde und in Gemässheit, als Nachbild und Folge des ersten grossen Ursprungs- und Mittelpunkts-Actes und seines Gesetzes.

So sind wir denn wieder bei unserem Sandkorn angekommen, diesmal abwärts steigend von der Central-Sonne bis zu ihm, während wir uns zuerst aufwärts von ihm zu jener leiten liessen. Aber wie verschieden sind auch in anderer Hinsicht diese beiden Wege! Auf dem zuerst eingeschlagenen stellte ich eine Behauptung und Hypothese auf, die, wenn ich nicht irre, Sie einnahm, weil Sie seine Tragweite ahnten. Auf unserem zweiten Gange wurden wir von einem Lichte begleitet, welches uns zeigte, dass unsere Hypothese mehr als das sei: wir fanden in der Ursonne das Urgesetz, welches die Natur beherrscht und liessen uns von ihm über alle Stufen der Schöpfung wieder hinabführen. Und während wir also vorher nur behaupteten, dass das Sandkorn von der Erde angezogen werde, weil diese von der Sonne u. s. w., also das Sandkorn von der Central-Sonne, als seinem letzten Centrum, haben wir nunmehr durch das gefundene Schöpfungsgesetz gezeigt, warum und dass es so und nicht anders sein muss und kann, und fortan sagen wir: das Sandkorn hat einen Hang an und einen Zug zu der Erde, nicht allein und nicht sowohl weil sie sein Centrum, sondern weil sie sein Ursprung ist (denn erst dadurch, dass sie sein Ursprung ist, wird sie sein Centrum) und so fort durch alle Glieder der Kette bis zur Central-Sonne; und diese übt eine Anziehung auf die Sonne u. s. w. bis auf das Sandkorn und erhält sie in Abhängigkeit von sich als der Ursprung und das Ursprungs-Centrum aller Materie, von der wir nunmehr sagen können, dass sie nicht sowohl eine Centri- als vielmehr eine Ursprungs-Tendenz hat; Alles das, vermöge des Schöpfungsgesetzes, welches als Hang an und Abhängigkeit von vom Kleineren zum Grösseren und vom Grösseren zum Kleineren schaffend und erhaltend durch die ganze materielle Welt geht.

Und das, lieber Freund, ist die Religion der Materie und ihr geoffenbartes Gesetz ist das Werde, das Wort, das am Anfang war, und durch welches alle Dinge gemacht sind. Doch so weit sind wir noch nicht; zuvor müssen wir die Materie noch in der unorganischen, dann in der organischen Schöpfung auf der Erde verfolgen, um zu sehen, ob unser Princip auch hier überall seine Anwendung findet und sich ausreichend erweiset. Das behalte ich einem folgenden Briefe vor.

Bis dahin herzlich

d. I.

X.

Nachschrift, welche zuerst zu lesen ist.

Bei Durchlesung meines Briefes finde ich nämlich, dass ich zu weitläufig und dadurch vielleicht ermüdend geworden bin, und fürchte, dass auf diese Weise mein System weniger übersichtlich und einleuchtend erscheinen möchte. Eine kurze Uebersicht desselben als leitenden Faden durch meine Beweisführung zu geben, ist die Absicht des Folgenden; ich denke, die beste Form dafür wird die von Frage and Antwort, von Rede und Gegenrede, also der Dialog sein.

A. Der Materie können keine Kräfte beigelegt werden.

B. Wie fällt denn der Stein auf die Erde? doch durch die Anziehungskraft?

A. Anziehung ja; Kraft nein.

B. Warum zieht denn die Erde den Stein an?

A. Weil die Erde von der Sonne angezogen wird.

B. So wird also doch eine Kraft in die Sonne, folglich in die Materie gelegt?

A. Die Sonne zieht die Erde an, weil sie von ihrer Sonne angezogen wird und so geht es fort durch alle Weltkörper bis zur *Central-Sonne*.

B. In diese wird also endlich doch die anziehende *Kraft* gelegt werden müssen?

A. Allerdings ist eine Kraft in die Central-Sonne *gelegt*, von der ihre anziehende *Eigenschaft* aber erst die Folge ist.

B. Also doch eine *Kraft* und die ist?

A. Die *Schöpfungs-* oder *Entwickelungs-Kraft*; diese musste nothwendig *in ihr liegen* oder in sie *gelegt sein*, wenn aus ihr successive alle anderen Weltkörper hervorgehen sollten.

B. Wie hatte aber diese *Schöpfungskraft* die *anziehende Eigenschaft* zur Folge?

A. Ganz natürlich: um *zu erschaffen* musste die Central-Sonne 1) auf ihrer Stelle, *Mittelpunkt*, bleiben; aber doch 2) sich bewegen, weil ohne Bewegung kein Schaffen ist; aus diesen beiden Bedingungen konnte nichts anderes entstehen, als 3) Bewegung um sich selbst. *Um zu erschaffen*, musste diese Bewegung um die Axe, von innen nach Aussen gerichtet sein, also Expansion, Ausdehnung zur Kugel. *Ebendeswegen* musste diese Kugel 4) Theile von sich ablösen, die ihrerseits wieder analog erschaffen sollten. Damit sie dies aber in gleicher Weise könnten, musste die Central-Sonne sie 5) in Abhängigkeit von sich erhalten, daher Bahn derselben um ihren Ursprung. Diese Abhängigkeit und den Zug zum Ursprungs-Centrum, der ihr entspricht, hat man Anziehungs- und Schwerkraft benannt. Es ist nichts anders als Folge der Schöpfungskraft, oder, wie wir auch sagen können, des in dieser Kraft sich offenbarenden Schöpfungsgesetzes.

B. Und dies Gesetz wirkt noch fort?

A. Ohne Zweifel, weil Schöpfung zugleich Erschaffen und Erhalten ist.

B. So wird also der Mond von der Erde angezogen...

A. Weil er ihr Geschöpf ist (ebenso wie das Sandkorn) und weil sie sein Ursprung ist,

B. Und die Erde hat den Zug zur Sonne ....

A. Als zu ihrem Ursprung und Erschaffer.

B. So wäre also die bisher s. g. Centripetal-Kraft...

A. Ursprungs-Tendenz.

B. Und die s. g. Centrifugalkraft ....

A. Schöpfungskraft, weil in ihr zugleich die Erhaltungskraft liegt.

B. Wenn auf diese Weise diese Kraft von Oben nach Unten, oder vielmehr von Innen nach Aussen durch alle Weltkörper schaffend und erhaltend geht und für sie alle das darin geoffenbarte Schöpfungsgesetz gilt, so wird es auch auf der Erde für die auf ihr geschaffene und erhaltene Materie gelten und in ihr walten.

A. Allerdings, wie wir jetzt sehen werden.

X. 10. Januar 1856.

Lieber R.....

Nachdem Sie mich bisher treulich und geduldig durch alle Himmelsräume begleitet haben, wo wir kaum Zeit hatten nur flüchtig die Erde zu berühren, wird es Sie freuen, dass wir jetzt auf unserem heimathlichen Planeten festen Fuss fassen, um ihn von nun an nicht mehr zu verlassen. Mir ist dies besonders deshalb erfreulich, weil ich nunmehr das Hauptstück der mir gestellten Aufgabe hinter mir habe, die Darlegung nämlich und vorläufige Begründung meines allgemeinen Naturgesetzes. Schwieriger, für mich wenigstens, dürfte nun wohl die Begründung meiner Theorie im Einzelnen und ihre Durchführung durch alle Gebiete der Naturwissenschaften sein. Dies beunruhigt mich aber durchaus nicht: ist die Theorie richtig — und daran zweifle ich keinen Augenblick aus Gründen, die sich später ergeben werden — so wird sie auch durch die Anwendung auf die einzelnen Erscheinungen der materiellen Welt, wenn auch nicht durch mich, doch durch Andere, als richtig erwiesen werden. Um mein System zu bekämpfen bliebe also nichts weiter übrig, als von vornherein die Hypothese zu verwerfen, wonach ich, der Theorie von Laplace folgend, aus der Analogie, der Central-Sonne bei der Erschaffung der Welt die ähnliche Rolle zugewiesen habe, welche unsere Sonne bei der Entstehung unseres Planeten-Systems gehabt hat. Eine solche Zurückweisung a limine möchte aber doch sehr unbillig erscheinen; es hiesse das einen Candidaten nicht einmal zur Prüfung zulassen und dürfte namentlich der Astronomie sehr übel anstehen, die bekanntlich schon viel weniger legitimirte Candidaten zugelassen hat und fortwährend zulässt. Ich will hier nur an die anerkannt ganz unbegründete Hypothese erinnern, wonach die Entfernungen der Sterne des Astralhimmels berechnet werden.

Ueberhaupt ist ja eine Hypothese eben kein bewiesesener Lehrsatz, sondern lediglich eine Voraussetzung, die vorbehaltlich der nachfolgenden Begründung gemacht und vorläufig angenommen wird; ihre Beglaubigung erhält sie nicht aus dem, was ihr vorhergeht, sondern aus dem, was ihr folgt. Bewähren sich die aus ihr gezogenen Folgerungen aus den Thatsachen der Erfahrung, lassen sich mehr und mehr bisher dunkel gebliebene Erscheinungen dadurch erklären und entsteht hieraus ein consequentes, geschlossenes System, so bekommt die Hypothese einen anderen Namen, so findet sich, dass der als vorlaut verschrieene und kaum geduldete Eindringling nichts minder war, als der verkannte Königssohn, der mit jedem Schritte von seinen Anhängern zahlreicher und kräftiger unterstützt wird, seine Macht und Herrlichkeit von Tag zu Tage mehr entfaltet und alsbald im Triumphe das Reich einnimmt, das er zu regieren bestimmt ist. Das ist die Geschichte jeder glücklichen Hypothese: ein „kühner Griff" ruft sie hervor und wenn er glücklicher war als der, woran dieses Wort Sie erinnert, so wird sie bald durch die öffentliche Stimme nicht zum „verwesenden", sondern zum dauernden Herrscher im Reiche der Wissenschaft auf den Thron gesetzt.

Doch es ist Zeit nun auch unsere Theorie durch Anwendung auf die Erscheinungen der materiellen Natur unserer Erde ferner zu entwickeln und zu bewähren. Wir werden uns hierbei jedoch, aus den Ihnen sehr wohlbekannten, uns gemeinschaftlichen Gründen, auf sehr geringe Andeutungen beschränken müssen.

In der anorganischen Natur betrachten wir zuerst die grossen Steinmassen, welche mit einer festen Rinde den Mittelpunkt der Erde umgeben, wohin sich der Rest der feurig-flüssigen Masse zurückgezogen hat, aus der sie bei ihrem Werden bestand. Diese erkaltete, starre Rinde der Erde hängt und haftet um ihr Centrum und scheint keinen höheren Ursprung zu ahnen; und wenn ein Theil derselben gewaltsam losgerissen und in die Höhe geschleudert wird, so strebt er alsbald wieder seinem unmittelbaren Mittelpunkte zu und der Zug zu seinem letzten Ursprung wird stärker, je mehr er sich ihm nähert. Hierher gehört nun auch die beobachtete Verschiedenheit der Pendelschwingungen an den abgeplatteten Polen und unter dem vom Centrum der Erde entfernteren Aequator. Auf die verwandte Erscheinung mit der Magnetnadel kommen wir später noch.

Während die festen Theile der Erde lediglich dem irdischen Ursprungszuge zu folgen scheinen, ist ihr innerer flüssiger Kern sich bewusst geblieben — erlauben Sie mir diesen uneigentlichen Ausdruck — dass er aus der Sonne stammt und strebt ihr mit mächtigem Zuge zu. Die Erhebungs-Theorie lehrt uns, dass wir diesem Zuge des Central-Feuers die Formation der meisten Gebirge und somit hauptsächlich die Gestalt der Oberfläche der Erde zuzuschreiben haben. Wie mächtig diese Tendenz zum höheren Ursprungs-Centrum noch fortwirkt, zeigen die Ausbrüche der Vulcane, sowie die allmählige Erhebung ganzer Erdstriche.

Wir kommen zur organischen Natur und sehen die Pflanze zwar mit ihren Wurzeln dem Erd-Centrum zustreben, dem sie angehört, aber mit Stiel und Blättern und Blüthe sich von ihm abwenden, um ihren höheren Ursprung zu suchen. Alle Pflanzen bedürfen des Lichts, das von dort kommt, aber sie bedürfen auch der Nahrung aus der Erde und ihrer Atmosphäre, worin sie wurzeln und wachsen. Dadurch „ist dafür gesorgt, dass die Bäume nicht in den Himmel wachsen" trotz ihres Strebens zur Sonne. — Das Thier, dem wir jetzt begegnen, scheint sich zwar von der Erde losgemacht zu haben und bewegt sich frei über ihre Oberfläche hin, ja der Vogel scheint der Sonne zufliegen zu wollen. Aber vergeblich: wie die dichte Rinde der Erde die Pflanzen, so hält ihre gasartige die Thiere fest; auch der Adler kann die Erd-Atmosphäre nicht verlassen und „es fliegt kein Vogel so hoch, er sucht auf der Erde sein Futter doch". — Aber wir müssen hier doch einen Unterschied und ein gradweises Fortschreiten hinsichtlich der Beziehung zum höheren Ursprungs-Centrum anmerken, wie dort bei den Pflanzen von der Flechte bis zur Ceder, so hier vom Infusionsthierchen bis zum Menschen. Nach dem Maasse, dass sie sich mehr und mehr zu immer höheren Gattungen entwickeln, bedürfen sie mehr und mehr der Sonne und strecken und richten sich ihr entgegen, bis zum Menschen, der zuletzt aus der Thierwelt sich erhebend, vollkommen aufrecht in die Sonne schaut und im Stande ist, ihre Entfernung zu berechnen. Aber bei alledem bleibt der Mensch, wie alles Erdgeborne, auch auf sein nächstes Centrum angewiesen und mit seiner Materie an die Erde gefesselt. Denn wir sind noch immer bei der Materie, und so sehr ich auch versucht bin, jetzt, da wir an ihrer Hand bis zum Menschen gekommen sind, sie zu verlassen, so muss ich doch noch dabei bleiben um zu zeigen, wie wir weder der s. g. Lebenskraft bei den organischen Wesen, noch der anderen angenommenen Naturkräfte bedürfen, wenn wir unser Naturgesetz überall wirken lassen.

Wir kommen jetzt zu den „Kräften" der s. g. unwägbaren Stoffe und werden zu zeigen suchen, dass sie sich alle auf unser Gesetz von Zug und Anziehung zurückführen lassen, sowie dass die Erscheinungen in der anorganischen und organischen Natur, welche man ihnen zuschreibt, nichts anders sind als Aeusserungen und Wirkungen der Schöpfungskraft und des Schöpfungsgesetzes. Ich führe diese s. g. Kräfte ein, indem ich Ihnen eine Stelle aus dem „Weltall“ des Dr. O. Ule (Halle 1820) abschreibe, worin von unserem Standpunkte aus, Wahres und Falsches, Geahntes und Missverstandenes wunderlich gemischt erscheint.

„Es waltet eine Schaar von vier engverschwisterten Kräften in der Natur, die allem Bestehenden Ursprung, Dauer, Leben und Entwickelung geben; die aber so zart und verborgen wirken, dass sie der sinnliche Mensch, der überall Stoffe mit Händen greifen möchte, nicht zu fassen gewusst und sie im unsinnigsten Widerspruche für nicht schwere, d. h. stofflose Stoffe erklärt hat. Diese Kräfte sind: Magnetismus und Electricität, Wärme und Licht. Sie alle sind so eng und unzertrennlich verbunden, dass sie nichts als besondere Erscheinungen einer einzigen gemeinsamen Urkraft (!) sind; und diese Urkraft steht mit der allgemeinen Gravitationskraft (?) in nahem Zusammenhange, oder ich möchte fast sagen, sie ist der gerade Gegensatz gegen diese, ihr feindlicher Antipode (?) Im ganzen Weltall würden sonach nur zwei Kräfte herrschen, die in einem polaren Gegensatze gegeneinander ständen, im ewigen Kampfe miteinander begriffen, ewig einander aufzuheben und zu vernichten strebten (welche trostlose Annahme!). Die eine Kraft schafft die Materie und hält sie zusammen (wodurch?), sie möchte Alles verkörpern, Alles an Einen Mittelpunkt zusammendrängen. Die andere widerstrebt dieser erstarrenden, Stoffe schaffenden und bindenden Kraft, sie möchte alle Stoffe vernichten, verflüchtigen, vergeistigen, sie bringt Leben in die todte Materie, ruft Veränderungen, Erscheinungen hervor. Wenn jene das Band der Körperwelt ist, so ist diese das Band des Lebendigen (ist denn das ein Gegensatz?). Durch diesen Kampf beider Kräfte kommt Bewegung in die Natur; denn Bewegung ist nur, wo Kampf ist (?). Die überwiegende Kraft der Gravitation verwandelt die Anziehung nach der gesammten übermächtigen Masse des Centralkörpers in den zerschmetternden Fall oder in den gesetzmässigen Kreislauf, wo ihr Wille nicht zur Geltung kommen kann (warum kann er nicht? was könnte ihn hindern, wenn nicht das Schöpfungsgesetz?). Die Sehnsucht der Dinge, sich frei zu machen von diesen Fesseln der Materie führt auch zu einer Bewegung, aber zu einer zarteren, sinnlich kaum wahrnehmbaren, zur Bewegung der Wärme und des Lichts, der electrischen und magnetischen Strömungen. Wenn die electrische Kraft es ist, durch welche zuerst jene Feindschaft der Dinge gegen ihr materielles Bestehen erwacht, die magnetische aber, durch welche jener Trieb nach Vergeistigung nur noch ein blosses Wollen, ein unerreichtes Sehnen bleibt, so ist es einerseits das Licht, welches jenes Sehnen zur lebendigen That erhebt und den Funken der Geistigkeit, den die Electricität in die Dinge legte, zur hellleuchtenden Flamme anfacht, andrerseits aber wieder die Wärme, die auch diesem mächtigen Drange Fesseln anlegt und in dem Momente ihres Aufschwebens nach oben die Dinge wieder zusammenfasst zu einer gemeinsamen Welt des gleichartigen Werdens. Das Licht ist uns also die Wirkung eines in den Dingen vorhandenen Strebens nach Freiheit von den materiellen Banden, die sie gefangen halten, eines mächtigen Zuges nach oben (!), nach dem Mittelpunkt und Ausgangspunkt alles Seins und Werdens (!!)."

Es ist sehr möglich, dass diese poetische Ansicht von den Naturkräften mich früher eingenommen hätte, obgleich der „ewige Kampf feindlicher Kräfte" etwas von den dämonischen Wesen hat, die in der Naturphilosophie des Mittelalters spukten. Jetzt, da ich eine vollkommen genügende Naturkraft und ein friedliches Naturgesetz einzusehen glaube, kann mich diese geistreiche Phantasie nicht befriedigen. Lassen Sie uns weniger poetisch und weniger geistreich sein; was wir auf der einen Seite dadurch verlieren, gewinnen wir auf der anderen; und wenn wir auf diese Weise Zustimmung erhalten, so sind wir wenigstens sicher, sie nicht durch Bestechung der Einbildungskraft erworben zu haben.

Als ich in meiner Jugend bei Oersted hörte, war der Electro-Magnetismus, dessen Entdecker er ist, noch etwas Neues. Aus der Wahrnehmung, dass die electrische Strömung auf die der Magnetnadel in einem Winkel trifft, schloss ich damals, dass die Sonne in ihrem Laufe die Erzeugerin der Electricität sei, wie die Erde die Mutter des Magnetismus. Ich weiss nicht, ob die Wissenschaft etwas Aehnliches angenommen hat, aber ich habe nichts gefunden, was diese Ansicht bestritte und bin dabei geblieben, ohne jedoch weitere Folgerungen daraus zu ziehen. Jetzt würde ich die beiden s. g. Kräfte nur als Ausfluss der Einen Urkraft und zwei verschiedene Offenbarungen des Schöpfungsgesetzes ansehen können, wovon die eine sich mehr im Zuge zur Sonne, die andere mehr in der Anziehung der Erde äussern würde und umgekehrt, was dann auch mit den beiden Polen bei der Electricität, wie beim Magnetismus stimmen würde. Wir wollen nun den vorzugsweisen Sonnen-Zug, den man Electricität benannt hat, in einigen seinerErscheinungen verfolgen.

Die Electricität hat von der Wissenschaft fast in der ganzen anorganischen und organischen Natur nachgewiesen werden können. Sie findet sie schon in den scheinbar todten Massen der Felsen, wo sie die Krystalle anschiessen lässt. Indem man diese in einigen Körpern vorwaltende Schöpfungskraft durch geeignete Vorrichtungen zu sammeln und zu steigern wusste, hat man auch mit der Electrisir-Maschine künstlich Krystalle hervorbringen können. Im Organischen erscheint diese Urkraft in der Pflanze thätig, wozu das Krystallgewächs den Uebergang zu bilden scheint. Ich erinnere hier an die ganz ähnlichen Figuren, welche die Electricität auf dem künstlichen Wege in unorganischen Stoffen hervorbringt. Bekannt ist der sogenannte Baum der Diana, den man mit Silber und Quecksilber in einer Mischung von Salpetersäure und

Wasser entstehen lässt. Nach einem anonymen englischen Autor, dem ich hier folge, giebt sich das electrische Fluidum ferner durch bestimmte Figuren zu erkennen, die ebenfalls mit Pflanzenformen übereinkommen. So bezeichnet die positive Electricität ihren Weg durch eine Figur, welche die Zweig-Ausbreitung eines Baumes und selbst die besonderen Blätter darstellt; dagegen zeigt das Bild, welches die negative Electricität hinterlässt, zackenförmige oder Knoll-Wurzeln, je nachdem sie auseinanderlaufen oder zusammengehäuft sind. Wenn nun dazu bemerkt wird, dass die atmosphärische Luft, besonders in ihren unteren Schichten, positiv geladen ist, der Boden aber immer negativ, so wird dadurch sehr wahrscheinlich gemacht, dass der Zug, einerseits zur Sonne, andrerseits zur Erde, den man positive und negative Electricität benannt hat, das ist, was der Pflanze Leben, Wachsthum und Form giebt. Hinzufügen kann ich, dass Humboldt in seinen „Ansichten der Natur", die mir nicht zur Hand sind, wenn ich mich recht erinnere die s. g. Lebenskraft für gleichbedeutend mit dem Galvanismus hält, und zwar nicht allein im Pflanzen-, sondern auch im Thierreich. Wir dagegen können auch bei den Thieren die erzeugende und erhaltende Kraft, man möge sie nun Lebenskraft, Electricität oder Galvanismus nennen, für nichts anderes halten, als für die allgemeine Schöpfungskraft. Damit wird denn die controverse Frage wegen der generatio aequivoca müssig, da unsere eine, Alles erschaffende Urkraft ebenso für die untersten Thierklassen, unter günstigen Bedingungen, auch ohne wahrnehmbaren Anknüpfungspunkt thätig sein muss, wie bei anderen ihre erste Wirksamkeit im Keim oder im Ei beobachtet werden kann, seitdem die Vervollkommnung der Mikroskope uns dazu in den Stand setzt. Mit Hülfe derselben unterscheidet man im Ei der Thier- und Pflanzenwelt einen kleinen von einer Zelle umschlossenen Kern, in welchem wir, nach unserem System, nichts Anderes erblicken können, als das mikroskopische Nach- und Abbild des Urkerns des Weltalls, von dem die Erschaffung aller Dinge ausgegangen ist und deren Urgesetz in ewiger Regelmässigkeit und Einheit vom Grössten bis zum Kleinsten fortwaltet. In einigen Pflanzen kann man ferner beobachten, wie aus dem innersten Kern sich andere körnige Körper ausscheiden, welche beim Fortschreiten der organischen Entwickelung die umschliessende Zelle sprengen, zu selbständigen Körpern werden, sich ihrerseits wieder mit einer Zelle umgeben und ferner entwickeln, um wieder zu gebären u. s. w., Alles ganz analog dem, was wir im Grossen bereits kennen gelernt haben. Bei den höher organisirten Wesen des Pflanzen- und Thierreichs kommt die Bedingung der Befruchtung hinzu, wobei denn auch zum Theil schon von der Wissenschaft der Electricität eine Thätigkeit zugewiesen wird. In unserer Sprache würde das heissen: durch einen hinzugekommenen Umstand wird der Ursprungs-Zug des Eis oder Kerns so gefördert und begünstigt, dass man ihn beobachten und nachweisen kann, was man alsdann mit dem Namen Electricität bezeichnet. Dass man diesen Zug auch künstlich durch Electricität so befördern kann, dass die Wirkung sichtbar wird, würden die Versuche von Prevost und Dumas beweisen, wenn es wahr ist, dass sie auf diese Weise im Eiweiss einen Kern zu Wege brachten. Nach unserer Theorie haben wir keinen Grund hieran zu zweifeln, ebensowenig wie an der bestrittenen Richtigkeit und Genauigkeit der Experimente von Weekes und Crosse, wodurch sie mittelst der Electricität sowohl kleine Thiere (Milben), als Pflanzen ins Leben riefen.

Es bleibt uns noch der Magnetismus zu betrachten. Wenn die Electricität vorzugsweise von der Sonne abzuleiten ist, so gehört doch der Magnetismus auch nicht allein der Erde an. Das zeigt sich, ausser in seinem zweifachen Pol, auch darin, dass durch Electricität Magnetismus erzeugt wird, dass auch die Sonnenstrahlen unter gewissen Umständen Stahl magnetisiren, sowie endlich in der Entdeckung von Lady Somerville, die selbst durch das violette Licht des Spectrums Stahlnadeln magnetisirt hat. Dass aber die Hauptrichtung des s. g. magnetischen Fluidums von der Erde kommt und zu ihr hingeht, zeigt jede senkrecht aufgehängte Eisenstange, durch welche der Zug zum und die Anziehung durch das Erd-Centrum so stark befördert wird, dass man es nachweisen kann, dass, wie man sagt, das Eisen magnetisirt wird und zwei entgegengesetzte Pole bekommt. Wie es aber zugeht, dass diese Pole augenblicklich wechseln, sowie man die Stange umdreht, ist hierbei nicht erklärt. Ebensowenig die Inclination der Magnetnadel, die Capitaine Ross auf seiner Nordpol-Expedition von 90° fand, so dass also dort, wo das Centrum der Erde näher ist, die Magnetnadel senkrecht stand, während sie unter dem Aequator immer horizontal bleibt. Und doch sagt Prof. Dr. Joh. Müller in seinem „Lehrbuch der Physik" (Braunschweig 1852.) „die Totalwirkung, welche die Erde auf die Magnetnadel ausübt, ist nur eine richtende, aber keine anziehende." Das erscheint uns unrichtig, selbst sinnlos, aber es ist nur die nothwendige Consequenz einer unrichtigen Lehre und man sieht, wie der übrigens so scharfsinnige Gelehrte dahin kommen musste. „Denn, fährt er fort, wenn letzteres der Fall wäre, so müsste die Magnetnadel mehr wiegen, als vorher, da sie noch nicht magnetisch war." Das ist allerdings ein vollgültiger Beweis für den, welcher den Ursprungszug für Schwerkraft hält und nur durch die Schwere, die an sich gar nicht existirt, die Körper zur Erde fallen lässt.

Ich will übrigens hier nicht alle Erscheinungen des Magnetismus durchgehen und sie durch meine Theorie zu erklären suchen. Bin ich das auch nicht im Stande, so weiss ich doch gewiss, dass sie keinenfalls durch eine Annahme erklärt werden dürfen und können, welche einen Unsinn enthält, nämlich die einer imponderablen Flüssigkeit, also einer immateriellen Materie.

Sehen Sie nur, wie die Wissenschaft sich dreht und windet, um über diese Schwierigkeit hinwegzukommen und wie sie sich endlich in Verzweiflung und mit Zurücklassung des gesunden Menschenverstandes köpflings darüber hinstürzt. Ihr erwähnter Vertreter sagt:

„Sucht man nun auf die Ursache dieser magnetischen Erscheinungen zurückzukommen, so sieht man bald, dass sie nicht wie die Schwere einer inhärirenden Eigenschaft (?) der ponderablen Materie zugeschrieben werden kann. Die natürlichen Magnete sind ihrer chemischen Zusammensetzung nach Eisen-Oxyd-Oxydul, sie bestehen also nur aus Eisen und Sauerstoff. Nun hat aber keins dieser Bestandtheile für sich die Eigenschaft, magnetische Wirkungen hervorzubringen, und es ist sehr unwahrscheinlich, dass ihre Moleküle, indem sie sich verbinden, ganz neue wesentliche Eigenschaften erhalten sollten, die sie vor ihrer Verbindung nicht hatten...... Von einer anderen Seite betrachtet, können die inhärirenden Kräfte (?) der ponderablen Materien wohl vermehrt und vermindert oder auf mannichfache Weise modificirt werden, man kann sie aber niemals gänzlich vernichten, während die magnetischen Kräfte nach Belieben zerstört und wieder erzeugt werden können.“ (Wir würden sagen: der in den Magneten zur Erscheinung kommende Ursprungs-Zug kann befördert oder gehindert werden)...... „Man ist durch diese Gründe dahin geführt worden, den Magnetismus als eine Flüssigkeit von ganz eigenthümlicher Art (allerdings!) zu betrachten, welche in der ponderablen Materie der Magnete verbreitet ist. Da wir nun aber zwei entgegengesetzte magnetische Kräfte kennen gelernt haben, müssen wir auch zwei entgegengesetzte magnetische Flüssigkeiten annehmen (nur consequent)...... Solche Flüssigkeiten müssen auch im Eisen vorhanden sein (warum nicht? es kommt auf ein Paar Hypothesen mehr nicht an.)...... Ob nun wirklich ein solches magnetisches Fluidum existirt, lässt sich freilich durch ein solches Räsonnement nicht darthun (!); wir halten aber an dieser Vorstellungsweise fest (da haben wir die Verzweiflung), weil wir bei dem jetzigen Zustande unserer Naturkenntniss keine bessere Theorie (?) substituiren können (testimonium paupertatis!). Unsere Theorie...... macht es möglich, alle die verschiedenen magnetischen Erscheinungen unter einem Gesichtspunkte zu vereinigen." — Ich denke, Sie haben hieran genug und lesen das Folgende selbst nach, um zu sehen, was Alles möglich wird, wenn man sich nicht scheut ganz willkürlich nichtssagende Hypothesen zu machen jedesmal, dass man an der Grenze seines Erklärungswitzes angekommen ist. Ich kann aber die abgeschriebene Stelle der Pouillet-Müllerschen Physik nicht verlassen, ohne an ein Räsonnement derselben noch eine Bemerkung zu knüpfen, wenn sie auch nicht gerade auf den Magnetismus Bezug hat. Es wird nämlich dort aus dem Umstande, dass man den Magnetismus willkührlich in der Materie vernichten und wiedererzeugen kann, und man dies doch mit anderen Kräften der Materie nicht könne, der Schluss gezogen, dass der Magnetismus keine inhärirende Kraft der Materie sei, wie etwa die Schwerkraft. — Wie aber, wenn man nun auch die s. g. Schwerkraft der Materie aufheben oder momentan vernichten könnte? Oder kann daran etwa noch gezweifelt werden? erfahren wir es denn nicht an Ekstatischen, die durch eine mächtigere Anziehung, als die der Erde, gehoben und schwebend erhalten werden? nicht an den Nachtwandlern, die ohne zu fallen an abschüssigen Dachrändern hingehen, weil der Mond sie stärker anzieht als die Erde? Und kann man das bekannte Kunststück der indischen Gaukler, wonach sie, ganz neben ihrem Schwerpunkt (durch welche Mittel wissen wir freilich nicht), in der Luft hängen, nicht so oft man will von Taschenspielern auf unseren Theatern an einem zuvor eingeschläferten Knaben wiederholt sehn? Weil man den Magnetismus nicht mehr eine Kraft nennen konnte, hat man ihn für eine Flüssigkeit ganz eigenthümlicher

Art erklärt, wobei sich freilich Alles und Nichts denken lässt. Ich bin begierig zu sehen, was man erfinden wird, wenn auch die Schwere als „inhärirende Kraft der Materie" aufgegeben werden muss.

Von den „vier eng verschwisterten Naturkräften" des Dr. O. Ule bleiben uns jetzt noch Licht und Wärme zu betrachten. Er sagt unter Anderem von beiden: „Die Wärme ist die centrale Kraft, welche die Materie zusammenhält, um den Mittelpunkt verdichtet, welche die geformte Materie zu vernichten strebt, indem sie sie in einen Punkt zusammendrängt... Das Licht ist die peripherische Kraft, welche die Materie verflüchtigt, dem Centrum entlockt, welche die Materie zu vernichten strebt, indem sie die Formen ins Unendliche erweitert... So wohnt die fesselnde Wärme in den Tiefen der Erde, in ihrem geheimnissvollen Mittelpunkt, das befreiende Licht aber in den freien Regionen der Atmosphäre." Ich führe diese Anschauungsweise hier an, weil mir derselben die wahrscheinlich richtige Ahnung zu Grunde zu liegen scheint, dass die Beziehung der Wärme mehr eine irdische, die des Lichtes mehr eine sonnische ist, ganz analog dem verschiedenen Verhältniss beim Magnetismus und bei der Electricität. Indem ich dies jedoch nur andeuten und die Ausführung sowie Zurückführung auf unser Naturgesetz Ihnen überlassen will, füge ich nur noch einige Worte über den vorliegenden Gegenstand hinzu.

Die beiden Theorien über das Licht sind Ihnen bekannt; nach der einen ist es eine von dem leuchtenden Gegenstand ausströmende Materie (Emanations-Theorie); nach der anderen (der Undulations-Theorie) geht von demselben eine Wellenbewegung im Aether aus, wodurch das Licht, nach der ersten Annahme direct, nach der zweiten durch Reflectirung, in unser Auge kommt. An den Lichtstoff werden Sie wohl nicht glauben wollen, aber auch die Lichtwellen werden Ihnen nicht sehr einleuchtend sein. Vielleicht erhalten wir mehr Licht, wenn wir den

Quellen des Lichtes nachgehen und einige seiner Erscheinungen verfolgen. Die Wissenschaft giebt uns eine Reihe von Lichtquellen an, die sich aber, auch von ihrem Standpunkte aus, sämmtlich auf das reduciren lassen, was sie Electricität nennt. Lichtentwickelung wird beobachtet bei der Krystallisirung; aber diese wird ja durch Electricität bewirkt; ferner bei plötzlicher Störung der electrischen Strömung in den Krystallen, wie man beim Zerschlagen von hartem Zucker und von Eisstücken bemerken kann. Wir würden dies einer Störung der Ursprungsbeziehung zuschreiben. Eben so wird die Strömung (oder der Zug) gestört und zeigt sich leuchtend bei plötzlicher Comprimirung der atmosphärischen Luft, wie auch bei eben solcher Ausdehnung comprimirter Gasarten. Schweigger hat auch bei dem plötzlichen Druck auf Wasser oder andere Flüssigkeiten Lichterscheinungen beobachtet. Aber nicht allein auf plötzliche, auch auf allmälige Weise kann bei einigen Stoffen die Störung und demzufolge Lichtentwickelung bewirkt werden; so bei der Erwärmung von Chromium-Oxyd, Titanium-Säure, phosphorsaurer Magnesia, Gadolinit, Orthit, Allanit u. a. Lichtentwickelung zeigt sich auch bei einigen Stoffen durch mässige Erwärmung im Dunkeln oder dadurch, dass sie vorher den Sonnenstrahlen ausgesetzt waren (Phosphorescirung), bei einigen anderen (schwefelsaures Chinin, Zinkoxyd u. a.) nur durch ersteres. So geben auch viele Diamanten, desgleichen kalksteinartige Fossilien, besonders Marmorstrontianit und Arragonit, vor allen aber ein röthlich-violetter Flussspath, Licht von sich. — Licht entwickelt sich ferner bei den chemischen Processen; wohin auch das Licht von gewissen Pflanzen und Thieren zu rechnen ist, welches man für die Wirkung einer chemischen Veränderung derselben erkannt hat. Erinnern wir uns hier nun, wie andrerseits mannichfache chemische Zersetzungen und Verbindungen durch das Sonnenlicht bewirkt werden, und nehmen wir hinzu, und mit Berzelius an, dass alle chemischen Wirkungen nur durch Electricität verursacht sind, so werden wir schon von diesem Standpunkte aus die Hypothese aufstellen können, dass das Licht nichts anderes ist als Electricität; nach unserem System werden wir aber sagen müssen: das Licht ist die durch Störung oder Förderung zur glänzenden Erscheinung kommende Ursprungsbeziehung alles Erschaffenen.

Ist dies richtig, so wird es sich ähnlich mit der Wärme verhalten, die wir fast immer in Gesellschaft des Lichtes finden und die in vieler Hinsicht verwandte Erscheinungen liefert. Wir werden in dieser Folgerung aus unserem Naturgesetz, für Wärme wie für Licht, bestärkt wenn wir sehen, welche wichtige Rolle die ursprüngliche Schöpfungskraft durch die eine wie die andere ihrer Aeusserungen auf der Erde bei Erschaffung, Entwickelung und Erhaltung der Pflanzen und Thiere spielt.

Nachdem wir in dem Obigen bereits an das Gebiet der Chemie gestreift haben, müssen wir jetzt schliesslich noch einen Blick hinein werfen, um die auch hier thätigen „Kräfte" zu prüfen. Sie kennen die Geschichte dieser wichtigen Provinz des grossen Reichs der Naturwissenschaften. Im Mittelalter kamen hier durch das Missverstehen eines Votums des Aristoteles, die Vierfürsten, Feuer, Wasser, Luft und Erde zur Regierung und herrschten lange Zeit mit absoluter Gewalt. Da jedoch bei fortschreitender Einsicht dieser Despotismus nicht mehr zu ertragen war, so wurden die alten Tetrarchen unter Anleitung der revolutionären Führer Boyle und später Stahl von ihren Stühlen gestürzt. Aber wie es denn zu geschehen pflegt, die Freiheit ging auch aus dieser Revolution nicht hervor; aus der Tetrarchie verfiel man in die Pollokratie; an die Stelle der vier ward zuerst eine Versammlung von mehreren herrschenden Elementen an die Spitze gestellt; und dieser regierende Senat hat sich seitdem allmählig verstärkt, und wie es sonst auch anderwärts wohl geschehen, aus sich selbst vermehrt; und diese Verstärkung und Vermehrung ist noch im Steigen. Die Versammlung ist jetzt, wenn ich nicht irre, bis auf 63 Elemente angewachsen. Drei und sechzig Herrscher statt vieren! Das sind die Folgen der Revolution für die Naturwissenschaft. Nach und nach scheint nun diese selbst den begangenen Fehler einzusehen und unruhig oder beschämt darüber zu werden. Sie giebt zu verstehen, es sei ja nur ein Uebergang und eine provisorische Regierung und wenn man sie noch bestehen lasse, so sei es nur, weil man noch nichts Anderes an die Stelle zu setzen wisse, übrigens auch die Mittel noch nicht gefunden habe, die einzelnen Elemente und somit die ganze Versammlung aufzulösen. Unterdessen versucht man dies wohl, der Erfolg ist aber nur, dass die Versammlung immer mehr zunimmt. Wo soll das am Ende hinaus? Wäre es da nicht richtiger, die ganze hohe Grundstoff-Versammlung zu sprengen und aus einander zu jagen, die Wissenschaft frei zu erklären, und fortan nichts anderes, als das Gesetz in ihr herrschen zu lassen? — Das wäre unser Rath, und indem wir unser allgemeines Naturgesetz zur einzigen Richtschnur empfehlen, dürfen wir hoffen, das Reich der Naturwissenschaften damit vor mannichfachen, schmerzlich gefühlten Verlegenheiten zu bewahren.

Wie quält sich z. B. die Chemie, wenn sie bemerkt, dass sehr viele der s. g. Elemente in ihren physischen und chemischen Eigenschaften verändert werden können, auch indem sie einfache Grundstoffe bleiben. Sie werden deshalb allotropische Körper genannt. Unveränderlichkeit ist also nicht mehr das Kriterium des s. g. Grundstoffs. Wirklich kommt das Element Kohlenstoff unter den drei völlig verschiedeuen Formen und mit den sehr verschiedenen Eigenschaften als Holzkohle, Graphit und Diamant vor. Ebenso zeigt der Grundstoff Phosphor sich nicht allein in drei verschiedenen Farben, die alle drei verändert werden können, sondern er bekommt in Folge dessen auch verschiedene Eigenschaften. Aehnliches erlebt man am Schwefel, am Selenium, Silicium, Eisen und an vielen anderen s. g. Elementen. Wie hilft sich nun da die Wissenschaft? wie gewöhnlich, durch ein Wort. Sie sagt: der Grundstoff bleibt unverändert, nur die Kräfte, die in ihm liegen, werden verändert; die Elemente, die wir sich verändern sehen, zeigen keinen materiellen, sondern einen dynamischen Unterschied. Das ist die ganze Erklärung! Das deutsche Wort, das wir zur Thür hinausgeworfen haben, kommt in griechischer Uebersetzung wieder herein! Aber die Wissenschaft begnügt sich dabei und erklärt damit denn auch eine noch auffallendere Erscheinung an ihren Grundstoffen, die Veränderung nämlich ihres Aequivalent-Volumens, wenn sie mit anderen Stoffen verbunden werden. Entweder das Aequivalent-Gewicht des Grundstoffs muss also verändert sein oder sein specifisches Gewicht; und offenbar ist das letztere der Fall, sagt die Wissenschaft. Woher aber, fragt man, diese wesentliche Veränderung in der Art des Grundstoffs? — Unsere Theorie könnte die Antwort geben, wenn sich aus ihr, wie ich vermuthe, deduciren lässt, dass durch die eine oder die andere Verbindung von Stoffen die Anziehung zu dem nächsten oder entfernteren Ursprungs-Centrum befördert wird, mithin das Gewichtsverhältniss verändert scheint. — Ebenso würde, in Betreff der Verwandschaften in der Chemie, unser Naturgesetz sowohl die vis attractiva und expansiva von Kant, als auch die „entgegengesetzten Kräfte“ von Schelling unnöthig machen. Mit Anderen, und besonders mit Berzelius scheinen wir auf diesem Punkte näher zu kommen. Nach ihm ist namentlich die Verwandtschaft nichts anderes, als die Wirkung der electrischen Polarität der kleinsten Stofftheile. Wenn er in den Moleculen eines jeden Stoffes electrische Polarität, sowie Verschiedenheit der absoluten Quantität Electricität in verschiedenen Stoffen an einem Pole annimmt (Intensität der Polarisation) und demzufolge die Elemente nach ihrer electrischen Beschaffenheit classificirt u. s. w., so scheint in der That nur noch ein Schritt erforderlich, um von diesem electro-chemischen System zu dem unsrigen überzugehen.

Dürften wir uns dazu nicht Hoffnung machen? Dürfen wir überhaupt nicht hoffen, dass von irgend einem Punkte der Naturwissenschaften aus zur Anwendung unserer Theorie einmal mindestens der Versuch gemacht werde? Darf dies nicht zum wenigsten da erwartet werden, wo die Wissenschaft selbst nur auf Hypothesen baut? Hypothesen, wovon überdies von Jahr zu Jahr die eine die andere verdrängt, zum sichersten Beweis, dass bis jetzt keine, für alle Erfahrungen genügende gefunden worden. Wenn wir nun glauben, dass unsere Theorie eine solche allgenügende ist, so sprechen wir damit allerdings nur eine subjective Ueberzeugung aus, die wir nicht im Stande sind an den zahlreichen Disciplinen der Naturwissenschaft zu bewahrheiten. Dazu gehörte, wie ich schon in meinem ersten Briefe bemerkte, das man mehr als ein Humboldt wäre. Nur Andeutungen habe ich geben wollen, und bin dabei gewiss verschiedentlich in Irrthümer und Fehler verfallen. Das hat aber nichts zu sagen; ist der Grundsatz wahr, so bleibt er es doch, trotz meiner irrigen Anwendung; und trotz dieser darf ein vorurtheilsfreier und unparteiischer Naturkundiger sich nicht abhalten lassen, unser System zu prüfen. Kennen Sie einen solchen, so theilen Sie es ihm mit. Doch möchte ich nicht rathen, demselhen meinen ersten, den Heureka-Brief, mitzutheilen. Sie begreifen, warum. Und ebensowenig die nun folgenden Briefe, welche die Anwendung unseres Naturgesetzes auf den Geist enthalten sollen. Wenn dasselbe sich auch auf diesem Gebiete, wie ich voraussehe, als das wahre und einzige und Alles umfassende erweist, so könnte dies bei einer gewissen, sehr verbreiteten Ansicht der Natur leicht unserem ganzen System vielmehr eine ungünstige als günstige Aufnahme bereiten.

Ihnen aber gebe ich mit Freuden Rendez-vous auf dem Gebiete des Geistes, wo Sie zu Hause sind.

d. I.

X.

X. 23. Januar 1856.

Also auf das Gebiet des Geistes wollen Sie mir noch folgen, um zu sehen, wie unser Naturgesetz auch dort seine streng folgerichtige Anwendung findet. Aber ich sehe aus Ihrer Antwort, dass Sie mir auf dieses Feld vielmehr schon vorangeeilt sind und halb mit Erstaunen, halb mit Misstrauen gefunden haben, welche überraschend reiche Saat dort unter dem Einflusse unseres Einen allgültigen Gesetzes aufsprosst. Desto besser, wenn Sie mir auf diese Weise vorgearbeitet, und ich nur die Nachlese zu halten habe. Ich denke übrigens, dass auch diese Sie noch überraschen wird; mir wenigstens ist es so ergangen; ich habe, je weiter ich vordrang, immer noch mehr gefunden, als ich erwartet hatte und bin dadurch natürlich nur in dem Vertrauen in die Wahrheit meines Princips bestärkt worden. Folgen Sie mir und Sie werden mir Recht geben.

Wie kommen wir aber von dem materiellen Gebiete auf das des Geistes? wo ist der Uebergang zu finden? Die Annahme eines höchsten Geistes wäre kein Uebergang, sondern ein Sprung, und die Hypothese Gott wird bekanntlich von Vielen nicht zugelassen. Und wollten wir behaupten, dass wir einen Geist im Menschen aus seinen Aeusserungen erkennen, so läugnet der Materialismus diese Schlussfolge, und Moleschott beweist uns mit vielem Geiste, dass er keinen habe. Dies soll und kann nun für ihn kein Compliment sein; denn er müsste es zurückweisen, indem er sagte: wenn ich scharf denke, so kommt das daher, weil ich zufällig viel Phosphor im Gehirn habe, den ich mir übrigens durch die Wahl der geeigneten Nahrungsmittel auch zu erhalten weis. Einem Materialisten, der so dem Geiste, mit dem er begabt ist, einen anderen Namen giebt, um ihn verläugnen zu können, wäre freilich nichts zu beweisen, weil „mit Worten sich trefflich streiten" und „an Worte trefflich glauben lässt". Denn der Materialismus ist doch nichts weiter als der Glaube an die Materie, und seine Dogmatik giebt Worte statt Begriffen, wie andere auch. Aber dieser Glaube, so verbreitet er auch ist, ist doch kein fester, inniger und starker, kein unbedingter oder Köhler-Glaube. Es herrscht viel Zweifel, Ketzerei und Maulglaube unter den Stoffgläubigen und ich behaupte, dass die meisten mindestens denkgläubige Materialisten sind, wie ja auch die evangelische Kirche sehr viele Denk-Gläubige hat. Mit dieser grossen Mehrzahl der denkgläubigen Materialisten haben wir es nun hier zu thun. Wenn sie sich nicht dem Köhler-Glauben ergeben — und das werden sie ja nicht — dass die Welt sich durch Zufall selbst erschaffen habe und sich ohne Plan und Regel fortentwickle und erhalte; sondern wenn sie als freie Denkgläubige sich zu der Ansicht erhoben haben, dass in der Erschaffung der Welt ein Gedanke liegt und dass die Materie nach einem festen, ewigen Gesetze in unendlichem Fortschritt und constanter Ausbildung begriffen ist, und wenn sie, ungeachtet meiner Warnung sich durch jenen Gedanken und dieses Gesetz mit uns bei der Entwickelung der Materie durch die Himmelsräume und auf der Erde haben leiten lassen, so werden sie auch jetzt mit uns von der Materie zum Geist kommen müssen, sie mögen wollen oder nicht. Denn wenn sie auch den Logos verwerfen, so kann ich ihnen doch die Logik nicht erlassen, sobald sie sich einmal auf das Denken mit uns eingelassen haben.

Fragen wir nun noch einmal, wo der Uebergang von der Materie zum Geist ist, so werden wir ihn doch wohl nirgends anders, als beim Menschen zu suchen haben; denn wenn wir ihn dort auch nicht aus seinen Aeusserungen ohne Weiteres als bewiesen annehmen wollen, so werden wir aus ihnen doch vermuthen dürfen, dass er dort zu suchen sein möchte. So wollen wir denn an der Hand unseres Naturgesetzes versuchen, ihn dort zu finden. Zu dem Ende müssen wir aber die Materie des Menschen noch einmal und etwas näher betrachten.

Wir thun dies mit Hülfe des Prof. Mulder, eines anderen Niederländers, dessen Materie zwar nicht wie die seines Landsmannes Moleschott die Grenzen seines kleinen Vaterlandes überschritten hat, dessen Ruf aber weit über dieses hinausgegangen ist. Dieser berühmte Chemiker, welcher ein Anhänger der Entwickelungstheorie ist, wozu die Paläontologie Anleitung gegeben hat, spricht sich in einer seiner Vorlesungen über die Entstehung des Menschen und das, was ihr vorhergegangen ist, in einer Weise aus, die ich Ihnen hier um so lieber mittheile, als wir daraus die Ansicht der Mehrzahl der Naturforscher und somit die der Wissenschaft, deren würdiger Vertreter Mulder ist, ersehen können. Nachdem derselbe sich mit der Theorie von Herschel und Laplace über die Entwickelung unseres Planeten-Systems aus einer „grossen Nebelmasse", als dessen Kern die Sonne zurückbleibt, einverstanden erklärt hat und in der Entwickelung bis zur Erde und ihren Thieren gekommen ist, fährt er so fort:

„Die Harmonie der Bestandtheile der Erde machte sie geschickt, Wesen noch höherer Ordnung Raum zu geben; die ursprünglichen, in der Materie jenes Nebels vorhandenen Kräfte waren tausendfältig modificirt und Alles soviel als möglich in einen Zustand des Gleichgewichts gebracht. Eine solche Materie allein konnte einen vernünftigen Geist beherbergen und so, indem ein Theil der Erdoberfläche, etwas Kalk und Phosphorsäure, etwas Magnesia und Küchensalz und ein Theil atmosphärische Luft, etwas Kohlenstoff, Wasserstoff und Sauerstoff und

Stickstoff dazu verwendet ward, kam der menschliche Körper zum Vorschein, aus dem feurigen Ball, den wir uns oben vorstellten, aus dem Nebel, woraus der Ball entstand, aus den Stoffen, welche früher roh und wüst, nach tausend Wechseln von Gestalt und Verbindungen, endlich in vollkommene Harmonie getreten waren. Die Substanzen, woraus ein menschlicher Leib allein bestehen kann, waren durch die vorangegangenen Thier- und Pflanzengeschlechter in den Zustand gebracht, worin der Stoff sein muss, der einen höheren Geist beherbergen soll. ... Die Infusorien bereiteten die Materie und die Form für die Mollusken, diese für die Fische, diese wiederum für die kriechenden Thiere; die kriechenden Thiere bereiteten sie für die Säugethiere und diese letzten für die Vögel. Diese waren sämmtlich, durch die Pflanzen unterstützt, nothwendig, um den Stoff der Erde zur Wohnung eines höheren Geistes geschickt zu machen" u. s. w.

Indem wir das, was Mulder hier über die stufenweise Entwickelung des organischen Lebens auf der Erde sagt, als eine schon bekannte Theorie zu Gunsten unseres neuen Systems acceptiren, von dem jene unbewusst eigentlich nur ein Theil und eine Folge ist, können wir ihm doch nicht mehr folgen, wenn er ohne Weiteres voraussetzt, dass die Materie des höchstorganisirten Säugethieres zur Herberge für einen „höheren Geist" bestimmt gewesen. Woher weiss er das? doch nicht aus der Physiologie. Alle Naturkunde, wie sie jetzt besteht, ist lediglich eine Wissenschaft der Materie und es giebt von ihr keinen Uebergang zum Geist. Die zwischen beiden befestigte Kluft ist es ja eben, was unsere Zeit in zwei entgegengesetzte Parteien spaltet; die Einen bleiben diesseits in der Materie stecken, weil sie nicht anders die Einheit ihrer Anschauung retten zu können meinen; die Anderen flüchten sich hinüber in den Geist, und wenden der sichtbaren Welt den Rücken; noch Andere schwanken inconsequent zwischen Geist und Materie hin und her oder legen gar eine doppelte Buchführung über Wissen und Glauben an. Alles das haben wir nicht nöthig, wenn wir die Kluft schliessen und ebnen Weg machen von der Materie zum Geist. Und das ist unsere Aufgabe.

Wir müssen zu diesem Zwecke noch einmal daran erinnern, dass wir der Erschaffung der Welt nothwendig einen Gedanken zu Grunde legen mussten und einen Plan annehmen, wonach die Welt in stetiger Entwickelung und Fortbildung ohne Ende erschaffen und erhalten wird. Mit diesem Schöpfungsgesetz waren wir in einer fast undenkbar langen Zeit in der stufenweisen Entwickelung von Innen nach Aussen bis zu einem der unzähligen Körper in der Peripherie des materiellen Weltalls, bis zu unsrer Erde, herabgekommen. Nachdem die Erde hier noch den Mond ausgeschieden, konnte es scheinen, dass die materielle Entwickelung auf diesem Punkte des Weltalls für beendigt anzusehen sei. Aber sie kann es nicht sein, weil das Schöpfungsgesetz ein in der Materie unendlich fortwirkendes ist; und sie ist es nicht; denn wir sahen, wie diese Entwickelung sich auf der Erde fortsetzt; nachdem wir früher die kosmische Entwickelung, unserer Theorie nach, verfolgt, beobachteten wir jetzt die tellurische, in welche sie hier übergeht, an der Hand der Wissenschaft. Diese zeigt uns, dass und wie die Entwickelung der Materie auf der Erde fortdauert. Sie lehrt uns, wie in einer abermaligen unaussprechlichen Zahlenreihe von Jahren die Erde nach und nach Festigkeit und Form bekam, dann sich zuerst mit Wasser, ferner nach wiederholten vulkanischen und neptunischen Umwälzungen mit Land bedeckte, zugleich die dem jedesmaligen nassen oder trockenem Zustande unseres Planeten angemessenen Pflanzen und Thiere erzeugte, bis sie endlich, nach Aeonen und wieder Aeonen, aus einer hochorganisirten Thier-Classe, die vielleicht untergegangen ist, das höchst organisirte materielle Wesen entwickelte und hervorgehen liess.

Alles das in Kraft der Urkraft und in gesetzlicher Folge des Urgesetzes der Materie.

Hier drängt sich uns nun eine Bemerkung auf, die wir nicht vorbeigehn dürfen, weil sie für das Folgende von Wichtigkeit, sein wird. Wir bemerken nämlich, dass, während die kosmische Entwickelung der Materie vom Mittelpunkt nach Aussen, vom Grösseren zum Kleineren stufenweise abwärts ging, die tellurische umgekehrt von ihrem Mittelpunkt, vom Kleineren und Geringeren zum Grösseren und Vollkommneren aufwärts geht. Diese verschiedene Entwickelung können wir uns sinnlich durch eine Linie vergegenwärtigen, die wir vom Mittelpunkte nach einem Punkte der Peripherie ziehen und von dort wieder aufsteigen lassen, demselben Mittelpunkte wieder zustrebend. Aber die letztere Linie ist nur kurz, die Materie kann, als solche, nicht zum höchsten Ursprungs-Centrum zurückkehren; sie hat wohl den Zug zu ihm, aber sie ist andrerseits an ihr unmittelbares Centrum gefesselt und kann die Erdatmosphäre nicht verlassen. — Ist denn, müssen wir hier fragen, die Entwickelung hiermit beendigt, die Linie deshalb abgebrochen und das Streben der Materie zu ihrem höchsten Ursprung ein vergebliches und hoffnungsloses? Wir sahen bereits, dass dies nicht möglich ist, aber wir können hier nicht, wie oben beim Uebergang der kosmischen Entwickelung zu der tellurischen, sogleich durch die Thatsachen der Wissenschaft nachweisen, dass es wirklich so nicht ist.

Die Wissenschaft führte uns durch alle Stufen des Fortschritts auf der Erde bis zur höchsten Stufe, auf der Alles zum Empfange des höchstorganisirten Thieres bereitet und geschickt war. Da ward auf der schon uralten Erde das jüngste irdische Geschöpf, die neueste Aeusserung der Urtriebkraft und des in ihr liegenden ewigen Urgesetzes der Schöpfung, der Mensch, der sich selbst die Krone der Schöpfung nennt.

Aber, könnte man hier einwerfen, nennt er sich denn

mit Recht so? weiss er denn, dass er, wenngleich die jüngste, deshalb auch die letzte Wirkung des Schöpfungsgedankens auf der Erde ist? kann er denn wissen, ob nicht noch höher organisirte irdische Geschöpfe in dem unendlichen Schöpfungsplan liegen? Allerdings ist ihm das verborgen. Der Mensch, der, auch als Gattung, nur seit gestern existirt im Vergleich zu dem Bestehen der Erde, weiss nicht, ob er die letzte und höchste Entwickelung der Materie auf der Erde ist. Aber er kann sich dies doch im höchsten Grade wahrscheinlich machen, schon aus materiellen Gründen, die wir allein hier anführen dürfen, vorbehaltlich derer, die sich auf einem anderen Gebiete später ergeben werden. Wir finden nämlich fürs Erste nicht, dass die äussere Gestalt des Menschen seit den Jahrtausenden, dass wir sie aus Abbildungen kennen, sich wesentlich verändert hat, während doch in derselben Zeit bei den anderen Thieren durch Cultur, Klima und andere Umstände bemerkbare äussere Veränderungen vorgegangen zu sein scheinen und noch vorgehen. Das Menschthier allein ist, sowie seine verschiedenen Racen in seiner ersten Jugend sich festgesetzt haben, immer dasselbe geblieben, und es würde heute, wenn man eine Negercolonie nach Griechenland versetzte, ebensowenig gelingen, diese Menschenrace zu einer weissen und wohlgebildeten zu machen, als eine europäische Colonie in Afrika mit der Zeit die Farbe und Körperbildung der Schwarzen bekommen würde. Thiere dagegen, selbst der hochorganisirten Classen, erhalten bekanntlich durch Versetzung in ein anderes Klima und in andere, bessere oder schlechtere Umstände zum Theil andere Farben und andere Formen und Organe, die oft so bedeutend sind, dass die Wissenschaft neue Classen oder Gattungen für sie annimmt. Und nicht auf äussere Veränderungen allein erstreckt sich die Entwickelung von Thiergattungen, die wir beobachten können. Nicht das einzelne Hausthier zähmt der Mensch, sondern die Gattung der lange vor seiner Erscheinung bestehenden

Thiere hat der Mensch so an sich gewöhnt, dass das Individuum mit dem Instincte des Hausthieres zur Welt kommt. Andrerseits sind Hausthiere, welche nach Südamerika gebracht und sich dort selbst überlassen wurden, wieder zu wilden Thiergattungen geworden und haben nicht allein äussere Veränderungen erlitten, sondern auch andere Instincte und Fähigkeiten bekommen. Also auch das Seelen-Vermögen ganzer Thiergeschlechter entwickelt und verändert sich unter Umständen. Der schwache Instinct der Gattung Mensch ist dagegen nicht bildungsfähig und ihr mit den anderen Thiergattungen gemeinschaftliches Seelen-Vermögen ist keiner Veränderung unterworfen: bei einer wilden und menschenfressenden Völkerschaft sind die Instincte des Neugebornen dieselben, wie die des Säuglings bei den civilisirtesten Völkern. Noch wäre hier zu erwähnen, dass auch ganze Pflanzengeschlechter durch geeignete Pflege verändert und zu höheren entwickelt werden können; bekannt sind die Versuche von Steigerung gewisser Gräser zu Hafer, von Roggen zu Weizen u. s. w.

Einen zweiten Grund für die Annahme, dass der Mensch das höchste Geschöpf auf der Erde bleiben wird, liefert uns die Embryologie, indem sie uns zeigt, wie der Mikrokosmus Mensch von seinem ersten Entstehen an eine Stufenfolge von Wesen durchläuft, die ganz mit der analog ist, welche uns der Makrokosmus Erde in der stufenweisen Entwickelung seiner organischen Natur vom Infusionsthierchen an u. s. w. auf den steinernen Tafeln seiner Geschichte nachweist. Die höchste Stufe ist hier wie dort das Säugethier; von der letzten und höchsten Entwickelung kann die Paläontologie nicht Bericht erstatten, weil dieselbe erst nach den grossen Umwälzungen der Erde stattgefunden hat; der fossile Mensch wird wohl immer vergeblich gesucht werden. Mit dem Erscheinen des Menschen auf der Erde, dort als Gattung, hier als Individuum, scheint die Entwickelung zu einem noch höherem Organismus beschlossen. Die Gattung Mensch ist dieselbe geblieben seit 6 — 7000 Jahren ihres Bestehens; der individuelle Mensch bleibt derselbe Organismus während der 60 — 70 Jahre seines Lebens.

Nehmen wir nun hiernach an, dass die höchste Entwickelung der Materie auf der Erde auch die letzte ist, dass diese materielle Entwickelung mithin geschlossen erscheint und haben wir gleichwohl erkannt, dass dies mit dem ewigen in der Materie liegenden Schöpfungs- und Fortbildungsgesetz unvereinbar ist, so kommen wir nothwendig zu dem Schlusse, dass also, ausser der Materie, im Menschen noch ein Anderes vorhanden sein muss, welches entwickelungsfähig und ein fernerer Gegenstand des ursprünglichen, unendlichen Schöpfungsgedankens zu sein vermag. Das was wir Seelenvermögen nennen, kann dies nicht sein, wir fanden es schon beim Thier und es erschien uns dort noch für Veränderung und Fortbildung empfänglich, während wir es beim Menschen, als Gattung, für nicht mehr entwickelungsfähig erkannten. Das Entwickelungsfähige im Menschen, das wir suchen, das ihn von den anderen Thieren, die wie er Leib und Seele haben, Unterscheidende kann also nichts sein, als ein Drittes; dies Dritte im Menschen aber, zu dem wir auf diesem Wege nothwendig geführt werden, ist nichts Anderes als das, was wir auf andere Weise bereits als das Erste im Menschen kennen, der Geist.

So wäre denn die Linie, die vorher in der höchst entwickelten Materie auf der Erde auszulaufen schien, nicht mehr abgebrochen, sondern weiter geführt durch den Geist, der Zug des Stoffs zu seinem höchsten Ursprungs-Centrum, den wir als das Streben alles organischen Lebens auf der Erde bemerkt haben, wäre kein vergeblicher, die ihm entsprechende Anziehung keine trügerische mehr, sondern durch den Geist, der ihre höchste Entwickelung fortsetzt, würde die Materie zu ihrem Ursprungs-, Mittel- und Endpunkt zurückgeführt.

Aber kann denn nun noch von Materie die Rede sein?

und noch von der in ihr liegenden Schöpfungskraft? müssen wir dem erschaffenden und erhaltenden Gedanken des Weltalls jetzt nicht einen anderen Namen geben? und dürfen wir dies nicht jetzt, nachdem wir der folgerechten stufenweisen Entwickelung der Materie bis zum Geiste gefolgt sind und ohne Sprung den Uebergang von jener zu diesem gefunden haben?

Ja, denn wir sind jetzt in das Reich des Geistes eingetreten und haben es nicht mehr zu verhüllen; und wir stehen nunmehr an einer Höhe unserer Betrachtung, von wo aus wir einerseits dem Stoffglauben (wenigstens den Rationalisten unter seinen Bekennern, welche uns bis hieher gefolgt sind) zeigen können, dass er auch nur an Worte glaubt und einen selbstgemachten todten Götzen anbetet, und wo wir andrerseits selbst erkennen werden, dass wir unseren Fund mit Recht den Schlüssel zum Weltall genannt haben, weil er, und er allein, das einheitliche Verständniss der unsichtbaren wie der sichtbaren Welt eröffnet. Lassen Sie uns das zum Schlusse dieses Briefes noch ausführen.

Im Menschen fanden wir auf unserem Entwickelungsgange zuerst die reine Erscheinung des Geistes, nachdem wir den Geist bereits in dem nothwendig an die Spitze gestellten Schöpfungsgedanken stillschweigend anerkannt und ihn in seinem Walten und Regieren durch die ganze sichtbare Schöpfung begleitet hatten. Erst im Menschen wird der Geist zum bewussten persönlichen Geist des Menschen; das Thier, selbst auf der höchsten Stufe seiner aus Leib und Seele bestehenden Organisation, hat keine Persönlichkeit, kein Ich; nur das höchstorganisirte Thier, in welchem der Geist die unendliche Entwickelung des ewigen Urgedankens der Schöpfung (des ewigen Urgeistes, dürfen wir jetzt sagen) fortsetzen muss, nur der Mensch ist eine Person, nur er kann Ich sagen. Der Geist im Menschen wird zum selbstbewussten Geist; das ist das Erste. Der Geist im Menschen erkennt, dass nur durch ihn der Mensch sich von den übrigen Thieren unterscheidet, dass derselbe aber aus mehr als Leib und Seele, dass er aus Leib, Seele und Geist besteht; das ist das Zweite, das Bewusstsein seiner menschlichen Persönlichkeit, seines Ichs. Aber der Geist des Menschen bleibt hierbei nicht stehen. Die Erkenntniss seiner Persönlichkeit zeigt ihm, dass er ein Geschöpf ist, wie alles Geschaffene, und doch zugleich verschieden von allem Geschaffenen, das ihn umgiebt. Dies führt ihn nicht allein zu einem Ursprung der Schöpfung, sondern das geistige Geschöpf setzt auch einen geistigen Schöpfer voraus und so kommt er zum Bewusstsein von Gott, dem Schöpfer und Erhalter. Aber der Geist des Menschen, der sich nicht nur seiner selbst, sondern auch Gottes bewusst geworden ist, bleibt auch hierbei nicht stehen; der persönliche Geist des Menschen kommt auch, sei es vorzugsweise durch den Geist und seine Abstractionen, sei es mehr durch das vergeistigte menschliche Seelenvermögen oder am Besten durch die ganze ungetheilte Persönlichkeit des Menschen, kurz der Mensch kommt zu der Erkenntniss, dass er Geist aus Geist ist, dass das geschaffene menschliche Ich ein erschaffendes göttliches Ich, der persönliche Mensch den persönlichen Gott zur Bedingung und Voraussetzung hat. Das ist mehr als das Bewusstsein Gottes, das ist das Dritte und Höchste, das ist die Erkenntniss des lebendigen Gottes im Geist und in der Wahrheit, des ewigen allumfassenden Gottes, des ewigen Schöpfers und Erhalters, in dem wir leben, weben und sind, des ewigen Geistes, der Alles erfüllt und bei uns ist ohne Ende.

So sind wir denn auf unserem Entwickelungsgange durch die sichtbare Welt nicht allein bis zum Geiste des Menschen, sondern von diesem auch durch die unsichtbare bis zum höchsten Geiste, zu Gott gekommen. Und damit sind wir auf dem Gipfelpunkte angelangt, von wo wir das Reich übersehen können, das wir erobert haben; und wir sehen, dass es das Weltall ist und dass das Weltall Geist ist und nichts als Geist. Denn wir haben gesehen, wie das All von Gott, dem reinen und höchsten Geist, durch sein geistiges Wort erschaffen ist, und wie es nach seinem in dasselbe gelegten geistigen Gesetze fort und fort unendlich erschaffen und erhalten wird durch alle Himmel und auf der Erde, wo dieses geistige Gesetz ebenso fortwirkt und waltet, in Weisen, die man Kräfte genannt hat, weil man etwas Geistiges ahnete, das man nicht begriff; und wir haben ferner beobachtet, wie dieselbe geistige Wirkung, nachdem sie die Materie bis zu ihrer höchsten Organisation fortschaffend ausgebildet hat, endlich als bewusster Geist erschienen ist im Menschen, den er erschaffen, d. h. zu einem menschlichen Ich gemacht hat, der sich erkennt und Gott, von dem er stammt und zu dem er wieder kommt als Geist aus Geist; und auf diese Weise haben wir erkannt und wissen nun, dass alles Sichtbare und Unsichtbare, was wir Materie und Geist nennen, gleichmässig von dem Einen höchsten Geiste ausgegangen ist, gleichmässig von dem Einen und selben geistigen Gesetze von Anfang und in Ewigkeit beherrscht wird und dass das Eine, ununterschiedene Weltall gleichmässig zu Gott, dem höchsten Geiste im Geiste zurückkehrt. Und hiernach können wir nun nicht mehr Materie und Geist im Weltall unterscheiden; es ist nur Ein Reich des Geistes, Alles ist vom Geist durchdrungen, durchgeistet, Geist geworden und nichts als Geist; es giebt wohl eine unsichtbare und eine sichtbare Welt, einen sichtbaren und einen unsichtbaren Geist, aber es giebt keine Materie im Gegensatz zum Geist; die Materie ist nur eine Erscheinungsform des Geistes, an sich ist sie nicht; die Materie ist nicht, in Gott und in der Wahrheit ist nur Geist.

Hier lassen Sie uns für heute stehen bleiben, nachdem ich zum Schluss noch einer Frage zuvorgekommen bin, obgleich ich sie eigentlich von Ihnen nicht erwarte. Sie sind aber einmal mein Publicum, nebst denen, welchen

Sie etwa meine Ideen mittheilen, also müssen Sie sich schon gefallen lassen, dass ich Sie so ansehe und behandle. Das Publicum ist nun sehr geneigt, aus weiser Gedanken-Sparsamkeit, alte Kategorien auf neue Systeme anzuwenden. Und so denke ich mir, dass es das unsrige Anfangs vielleicht für eine Materialisirung des Geistes hätte erklären können und jetzt wohl eine Vergeistigung der Materie nennen möchte. Es leuchtet ein, dass es in der That weder das eine noch das andere ist. Und eben so wenig würde man ihm den Makel des Pantheismus anhängen können. Wenn diese und andere bekannte Denominationen nun nicht passen wollten, so könnte man endlich fragen, was unser System denn eigentlich sei. Darauf nun würde ich antworten: es ist Religion, nicht anders als Religion. Das fordert eine nähere Erklärung, die ich in meinem nächsten Briefe versuchen werde.

Bis dahin von Herzen

d. I.

X.

X. 31. Januar 1856.

Religion der Materie nannte ich in einem früheren Briefe, etwas vorgreifend, das gefundene Verhältniss der Abhängigkeit und Anhängigkeit des Weltalls zu ihrem Ursprung und brauchte so dies Wort, welches nur noch figürlich im Gebrauch ist, wieder in seiner ursprünglichen Bedeutung, indem ich dabei an die, allerdings nicht Ciceronianische Etymologie des Wortes Religion von religare dachte. Diese Ableitung wird jedoch auch von Anderen adoptirt und scheint in der That das Gefühl der Abhängigkeit von einem höchsten Wesen anzudeuten, das ja, nach Schleiermacher, aller natürlichen Religion zu Grunde liegen soll. In demselben Sinne habe ich jetzt, nachdem wir gefunden haben, dass ein und dasselbe göttliche Naturgesetz das Eine geistige Reich der sichtbaren und unsichtbaren Welt beherrscht, Religion auch als den wesentlichen Inhalt unsers Systems bezeichnen können. Aber ich bin doch nicht ganz zufrieden mit dieser Bezeichnung, nicht sowohl, weil sie auf den ersten Blick zu einem Missverständniss Anlass geben könnte (dies würde bei näherem Eingehen doch nicht bestehen) sondern vielmehr weil mir der Ausdruck nicht genügt. Denn es liegt mehr in dem, auch nur noch dunklen, religiösen Gefühl, als bloss das der Gebundenheit an Gott, und auch in unserem allgemeinen Naturgesetz haben wir mehr als das gefunden. Gefühlt oder gefunden liegt in dem einen wie in dem anderen das Geheimniss beschlossen oder das Verhältniss erkannt, von dem Streben alles Erschaffenen zu seinem höchsten Ursprung und Urheber und dem Angezogenwerden der ganzen Schöpfung durch ihren Schöpfer und Erhalter, also nicht allein das Hangen an Gott (oder von Gott ab) sondern auch der Zug zu Gott. Und das ist doch gewiss ein Mehreres und Tieferes, als, nach der angenommenen Etymologie, Religion uns für den Begriff bietet. Wären wir so glücklich, für dieses fremde Wort ein deutsches zu besitzen, so würde es, der geheimnissvollen innersten Tiefe unserer herrlichen Sprache entstammend, gewiss ein viel genügenderes, der Tiefe und Gottinnigkeit des deutschen Gemüthes mehr entsprechendes sein. Heute noch ein solches deutsches Wort einführen zu wollen, würde ein ebenso lächerlicher Purismus, als vergeblicher Versuch sein. Doch will ich Ihnen nur gestehen, dass ich, für mich, danach gesucht habe und Ihnen auch, aber ganz unter uns, mittheilen, dass ich die Zusammensetzung Zughang als den angemessensten und umfassendsten Ausdruck für das Verhältniss vom Menschen und der Welt zu Gott, und von Gott zu der Welt und dem Menschen, gefunden habe. Zughang erscheint allerdings sonderbar, aber es würde uns nicht mehr auffallen, wenn dies Wort etwa seit 3 — 400 Jahren für Religion im Gebrauch wäre, und wir würden dann jetzt von zughängigen Menschen und Büchern ohne Anstoss und ohne den Gedanken des materiellen Ziehens und Hangens sprechen können, wie wir ja täglich von hartnäckigen Menschen, entwickelten Ansichten und Verknüpfung von Umständen sprechen, ohne dabei jedesmal an einen steifen Nacken, einen Knäuel oder einen Knoten zwischen zwei Stricken zu denken. Unsere geistigen Begriffe sind ja meist alle nur von sinnlichen Bildern hergenommen und durch sie an unsern Verstand gebracht; wir bemerken dies nur nicht mehr, weil diese Metaphern mit der Zeit und dem häufigen Gebrauch so verbleicht und abgegriffen sind, dass unser inneres Auge durch ihre Farben und Formen nicht mehr getroffen wird. Dies Verschwinden des sinnlichen

Bildes vor dem damit einmal verbundenen geistigen Begriff hat nun auf der anderen Seite das Gute, dass durch eine ungenügende oder unverständliche Metapher der einmal davon hergeleitete, aber in der That vertiefte und umfassendere Begriff nicht gestört oder abgeschwächt wird. Hieran glaubte ich erinnern zu müssen, um bemerklich zu machen, dass die Bezeichnung Religion, die wir gebraucht haben und ferner gebrauchen werden, um die Beziehung zwischen Gott und dem Weltall anzudeuten, zwar dasselbe ist, was gewöhnlich das Verhältniss vom Menschen zu Gott bezeichnet, zugleich aber nicht allein eine viel umfassendere und mehr gegenseitige, sondern auch eine tiefere und höhere Bedeutung hat, als das Wort, seiner Ableitung nach, mit sich zu bringen scheint.

Von dieser sprachlichen Erörterung kehren wir nun wieder zu unserer Sache zurück und kommen da sogleich zu den grössten Folgerungen aus dem Satze, dass die Materie an und für sich ein leerer Begriff ist und nicht existirt, dass das Weltall nur Ein Reich des Geistes und nur von dem Einen göttlichen Naturgesetz überall auf gleiche Weise beherrscht ist. Denn wenn wir keine Materie zugeben, können wir auch nicht mehr, wie auf einem früheren Standpunkt, von einer Religion der Materie sprechen. Das damit bezeichnete Verhältniss der sichtbaren Welt zu ihrem Ursprung ist im Reich des reinen Geistes jetzt zur Beziehung des unsichtbaren wie sichtbaren Weltalls zum höchsten, reinen Geist, zu Gott und somit zur Religion des Geistes geworden.

Aber eine Religion des Geistes haben wir ja bereits, könnten Sie hier einwerfen. Allerdings, und diese rein geistige Religion ist auch die meine. Aber wie, wenn dies dieselbe wäre wie unsere Religion des Weltalls, nur den Menschen, welche diese uranfängliche Religion der Natur nicht mehr verstanden und aus Unverstand gemissbraucht oder vergessen hatten, durch eine besondere Gnadenanstalt in der Zeit wieder zurück und näher gebracht?

Und ist es denn nicht so, ist die Identität nicht offenbar, wenn wir nur unser ewiges, allgemeines Naturgesetz betrachten und recht erkennen? Wir fanden in ihm die Wechselbeziehung des höchsten Ursprungs zu allem Erschaffenen, des Geschöpfes zu seinem Schöpfer und es war ein und dasselbe Gesetz in dem Einen geistigen Reich. Wie heisst nun mit einem anderen Namen dieser Wechsel-Zug und Hang? Das griechische Alterthum nannte ihn Eros und Anteros, wir nennen ihn mit Einem Worte: Liebe. Die Liebe ist das einige Gesetz der einigen, allgemeinen Religion und dieses Urgeheimniss der Schöpfung ist offenbar geworden in der Religion der Liebe, die selbst nichts ist, als Liebe. Das ewige Wort, das am Anfang bei Gott war, und war Gott, hat durch die Liebe, womit Gott uns zuerst geliebt, am Anfang die Welt erschaffen und erhält sie durch die Liebe, die nimmer aufhört; und also hat Gott die Welt geliebt, dass Er sich uns in der Fülle der Zeit geoffenbart hat durch sein Wort, welches das Leben und das Licht der Menschen ist, in welchem wir wieder zu Gott kommen sollen durch die Liebe, welche die Wiederbringung ist aller Dinge in Gott, ihrem Ursprung und Schöpfer. So herrscht die Liebe allein und gleichmässig im Reiche der Gnade, wie im Reiche der Natur, und es ist nur Ein Reich der Liebe; und die Religion Christi ist die geoffenbarte Religion des Weltalls, die Eine allgemeine Religion der Liebe.

Und hiermit, lieber Freund, übersehen Sie nun von der Höhe unseres Systems das ganze, grosse Reich, das sich unseren Blicken erschlossen hat und nach allen Seiten thun sich uns unermessliche Gedankenreihen auf, die es als reiche Ströme durchziehen. Es ist nun nicht meine Absicht, Sie in diesem Reiche herumzuführen oder mich auf jenen Gedanken mit Ihnen einzuschiffen; ich würde sonst kaum aufhören können. Auch kann ich ja das Weitere getrost Ihnen selbst überlassen. Gebrauchen Sie nur fleissig unsern Schlüssel, von dem Sie jetzt nicht mehr denken werden, wie Sie Anfangs im Scherze sagten, dass es wohl nur ein Dieterich und Nachschlüssel sein werde, sondern den Sie jetzt für einen wirklichen Hauptschlüssel und passe-partout erkannt haben.

Aber einen kleinen Nachtrag kann ich mir doch nicht versagen; der sei dem nächsten und letzten Briefe vorbehalten von Ihrem Freund.

X.

X. 4. Februar 1856.

Sie erinnern sich, lieber R...., wie wir im vergangenen Jahre in Ihrem schönen F.... über philosophische und religiöse Gegenstände verhandelten, wie ich Ihnen bei dieser Gelegenheit meine „Thesen und Hypothesen“ über den Menschen mittheilte und wir uns unter Anderem auch darüber ganz einverstanden fanden, dass beim Menschen Körper, Seele und Geist zu unterscheiden seien, weil ohne diese bekannte Dreitheilung gewisse Erscheinungen im Sein und Wesen des Mikrokosmos unmöglich erklärt werden können. Mit Bezug auf diese Gespräche möchte ich Sie jetzt noch darauf aufmerksam machen, dass die Annahme jener Dreiheit des Menschen durch unser System sich vollkommen gerechtfertigt findet.

Die Seele des Menschen betrachteten wir damals als die Vermittelung zwischen Körper und Geist oder das Band zwischen beiden, welches einerseits mit der Materie — ich muss dies Wort auf diesem Standpunkte wieder gebrauchen — andererseits mit dem Geiste communicirt und an der Natur beider, gleichsam mit seinen beiden Enden, participirt. Und die Nerven, durch die allein die sinnlichen Eindrücke an uns gelangen, erschienen uns als die Träger des Seelenvermögens und die Uebermittler jener Eindrücke an den Geist und seine Erkenntniss derselben.

Wie übersetzen wir nun diese Vorstellung in die Sprache unseres Systems? Ich denke so:

Den Thieren auf den höheren Stufen der Organisation

wird allgemein nicht allein ein Körper, sondern auch eine Seele zuerkannt, wenn diese auch von Einigen nur mit Leben, oder Lebenskraft bezeichnet und identificirt wird, was wir uns gefallen lassen können, wenn man unter Lebenskraft nichts anderes als die in allen Wesen thätige Wirkung der göttlichen Schöpfungskraft verstehen will. Wie weit diese geistige Urkraft in und mit der sichtbaren Welt sich entwickeln kann, bemerken wir an den dem Menschen nahe stehenden Thieren, wie Pferden, Hunden, Elephanten, Affen u. a., in deren Seele offenbar Vorstellungen Statt finden, die an das Denkvermögen des Menschen zu gränzen, ja von ihm kaum unterschieden werden zu können scheinen. Aber es scheint doch nur so und die Gränze wird nicht überschritten; mit dem, was wir Seele im hoch- oder höchst-organisirten Thiere nennen, schliesst die Entwickelung des göttlichen Schöpfungsgedankens in der sichtbaren Welt ab, um sich von da an in der unsichtbaren, im menschlichen Geiste fortzusetzen. Wir sahen, dass der göttliche Geist im Menschen als besonderer menschlicher Geist hervortritt, indem dieser sich zuerst seiner selbst, dann Gottes, seines schöpferischen Ursprungs bewusst wird. Hiermit ist zum Leib und zu der Seele im Menschen der Geist gekommen, das Thier ist zum Menschen, das Individuum zur Person geworden. Das ist kein Sprung, sondern ein allmäliger Uebergang, eine vermittelte Entwickelung, wie wir sie überall beobachtet haben, in dem einigen Reiche des Geistes; es ist ein Uebergang von Geist in Geist, vom Geiste in der Erscheinungsform der Materie in den unsichtbaren Geist; es liesse sich mit dem electrischen Strome vergleichen, der am Ende des leitenden Drahtes angekommen, als glänzendes Licht hervortritt, wenn nicht doch auch dies ein unzureichender Vergleich wäre. Aber die Erscheinung des menschlichen Geistes, welche kein Sprung in der Entwickelung des göttlichen Schöpfungsgedankens ist, ist die wichtigste und folgenreichste Stufe derselben auf der Erde, und mit Recht wird diese Erscheinung die Erschaffung des Menschen genannt; die Gattung Mensch muss als erschaffen angesehen werden in der Zeitepoche, wo in der höchstentwickelten Seele der vorhergehenden Thiergattung die ewige Schöpfungskraft in der unendlichen Continuität ihrer Entwickelung auf der Erde sich, zufolge ihres Gesetzes, in den menschlichen Geist umsetzen, in ihm fortsetzen, zum bewussten Geist potenziren musste. Welches sind nun die Folgen dieses menschlichen Bewusstseins? Wir sahen, dass das Thier, wie alles Geschaffene, den doppelten Zug, zu seinem nächsten Centrum einerseits, zu seinem entfernteren andererseits hat, und zwar zu seinem höchsten Ursprungs-Centrum immer nur mehr oder weniger vermittelt und immer unbewusst. Sobald der Geist im Menschen sich seiner selbst und Gottes, seines schöpferischen Ursprungs, bewusst geworden, ist zugleich die Spaltung des Menschen ins Bewustsein getreten, der Dualismus gegeben. Zur Erkenntniss sind jetzt die beiden Pole gekommen, zwischen welchen der Mensch sich bewegt, der eine, der seinen Geist zu Gott zieht, von dem er stammt, der andere, der seinen Geist durch die Seele und den Leib zur Erde niederzieht und an sie fesselt, als an das nächste Centrum und letzten Ursprung. Und dies ist die Erkenntniss des Guten und Bösen. Denn für den selbst- und gottbewussten Geist ist es das Böse, ist es Widerstand gegen Gott, Abfall, Sünde geworden, sich dem Zuge des irdischen Centrums hinzugeben und an seinem irdischen Ursprunge zu hangen, nachdem er Gott als seinen höchsten und wahren Schöpfer erkannt hat, zu dem er, als Geist aus seinem Geiste, ohne Vermittelung aufstreben kann und soll. Erst mit diesem Bewusstsein und dieser Erkenntniss ist die Sünde gegeben uud wird die Verantwortlichkeit angenommen. Das erste deuten unsere heiligen Urkunden an, das zweite zeigen alle menschlichen Gesetzbücher, die weder den Blödsinnigen, noch das unmündige Kind verantwortlich machen, weil beiden nicht die dazu erforderliche Entwickelung des bewussten Geistes zugeschrieben werden kann.

Wenn die Seele nebst dem Leibe des Menschen einerseits, wie wir sahen, den polaren Gegensatz gegen den Geist im Menschen bildet, so haben wir andererseits doch wieder die Seele als den Uebergang vom Geist zum Leibe und als die Vermittelung zwischen beiden erkannt. So ist also eine Vermittelung der Gegensätze gegeben, der Dualismus ist aufgelöst in die Dreiheit, welche zur Einheit im Geiste führt, oder vielmehr, welche aufgehoben wird (um mich nach Hegel dieses Wortes im Doppelsinn zu bedienen) in der Dreieinheit, auf dass mit der Einheit im Geist, die allein den Menschen fähig macht zur Wiedervereinigung mit Gott, gerettet werde seine Persönlichkeit, welche aus Leib, Seele und Geist besteht und ohne deren Fortdauer und Fortentwickelung überhaupt keine Fortdauer gedacht werden kann. Aufgabe des Geistes ist es das „Gesetz in unseren Gliedern, welches streitet wider das Gesetz in unserem Geiste“ zu besiegen durch „des Geistes Geschäfte“ und so die Einheit im Geiste zu erstreben und zu vollziehen durch Vergeistigung der Seele und durch Vergeistigung des Leibes. Von dieser vollkommenen reinen Geistigkeit haben wir nur Ein Beispiel auf Erden gehabt, damit aber zugleich einen Beweis und ein Vorbild, nach welchem und kraft dessen solche vollkommene Einheit mit Gott und in sich möglich, mithin Gottes Absicht und Wille mit dem Menschen ist, sei es, dass diese menschliche Vollendung dereinst schon auf Erden erreicht werden soll, sei es, dass sie hier immer nur gesucht und erstrebt werden kann. Denn auf der Erde sind wir immer noch im Dualismus befangen und schwanken zwischen den beiden Polen unseres Wesens von der Geburt bis zum Tode, genauer, von der Geburt des Geistes (vom Bewusstsein desselben) und seiner von da anhebenden Entwickelung bis zu seinem Uebergang in einen anderen Zustand, der uns zwar unbekannt ist, in dem die Fortentwickelung aber eine unendliche sein muss, wie der Schöpfungsgedanke Gottes ohne Ende ist.

Mit dem Erwachen des Bewustseins von sich im Kinde, mit seiner Persönlichkeit entsteht zugleich das Gefühl der Abhängigkeit und damit ist der Anfang des Ursprungs-Zuges, oder die Religion des Geistes gegeben. Das ist der dunkle und schwache Ausgangspunkt einer Entwickelung, deren Endpunkt die Wiedervereinigung des menschlichen Geistes mit dem göttlichen Geiste, seinem Ursprunge ist. Der erste Anfang des menschlichen Geistes-Lebens ist vielleicht in die Zeit zu setzen, wo das Kind sich aus seinem bisherigen, thierischen Zustande zur aufrechten menschlichen Stellung erhebt. Aber bald erwacht dann auch der Gegensatz zu der empfundenen Abhängigkeit, wenn bei fortschreitender Geistesentwickelung die kleine Selbständigkeit sich mehr und mehr ihrer bewusst geworden ist, und mit der Sprache und besonders ihrem Worte „Ich", die besondere Persönlichkeit sich selbst setzt und mithin den anderen Persönlichkeiten entgegensetzt. Es ist bekannt, wie mit dem Aussprechen des „Ich" zuerst der eigne Sinn und die eigne Art beim Kinde hervortritt. Wir sagen dann, es fängt an, eigensinnig und unartig zu werden. Das ist der dunkle Ausgangspunkt auf eine Bahn, welche der des religiösen Zuges entgegengesetzt ist und von der wir nicht wissen, wann, in der Unendlichkeit der Zeit, sie sich zu ihrem höchsten Ursprunge zurückwenden wird und ob sie es kann. Das letztere dürfen wir nur hoffen, nicht glauben, für uns; denn wir sehen wohl, dass selbst in dem todten, seit Aeonen am Erdcentrum hangenden Felsen noch Krystalle dem Lichte sich zuwenden, aber wir wissen auch, dass jener Hang wie dieser Zug ein unbewusster ist. Sollte der Geist des Menschen nicht für alle Folgen seines Bewusstseins von sich und seinem wahren und höchsten Ursprung einstehen müssen, da er die Vorzüge dieses göttlichen Geschenkes geniesst?

Es ist Sache der ersten Anleitung des Kindes und Aufgabe der Eltern, die Ansprüche des erwachten persönlichen Ichs mit der Abhängigkeit von seinem Ursprunge, die Selbstheit mit der Liebe zu vermitteln. Diese Aufgabe ist um so leichter für die Eltern, als sie selbst dem Kinde zuerst das Höchste, Ursprung und Schöpfer an Gottes Statt sind. Ihre Aufgabe ist es aber auch zurückzutreten und den Geist des Kindes auf seinen wahren, höchsten Schöpfer zu lenken, sobald die Ahnung des unsichtbaren, höchsten Wesens beginnt und sich mehr und mehr im Geiste des werdenden Menschen entwickelt und ausspricht. Hier kann nun das, was wir Religionsbegriffe und Religionsunterricht nennen, entweder fördernd wirken, oder hemmend und verwirrend in den natürlichen Zughang des jungen Geistes und Gott treten. Erlauben Sie mir dies nur für mich erfundene Wort hier noch einmal anzuwenden und selbst damit zu spielen, indem ich, doch ganz unter uns, sage: wenn Eltern oder Lehrer zu der Zeit, wo sie dem erwachsenden Menschen nicht mehr an Gottes Statt sein können, nicht so zurücktreten, dass der natürliche Zughang ungehindert bleibt, wenn sie ihn durch verkehrte Religionsbegriffe stören und von seiner Bahn ablenken, ihm Gewalt anthun, dann wird aus dem, was Religion sein sollte, aus dem Zughang, durch eine scharfe Contraction, Zwang zu Gott; geschieht aber zur rechten Zeit nur das Angemessene zur Leitung, Förderung und Stärkung des natürlichen Zughanges, so wird die wahre Religion, die der Liebe, gefördert und es wird, mit einer kaum vernehmbaren Lautveränderung aus dem Zughang, Zugang zu Gott. — Nehmen Sie dies immerhin für nicht mehr, als es ist, für ein Spiel mit Worten, wenn Sie nur den darin liegenden Sinn gelten lassen, dass die Religion nicht durch Menschen dem menschlichen Geiste angezwungen werden soll, sondern dass er, richtig geleitet, die naturgemässe

Religion finden kann und wird, wenn er dem allgemeinen Schöpfungsgesetze der Liebe folgt, welches gleichmässig in der sichtbaren, wie in der unsichtbaren Welt herrscht und, wie dort mehr oder weniger vermittelt, so hier nur durch die Vermittelung des ewigen Wortes, als des Schöpfers und Erhalters, das leitende Band bildet zwischen allen geschaffenen Wesen und Gott. —

Doch ich bemerke, dass der kleine Nachtrag, den ich Ihnen in diesem Briefe zu geben beabsichtigte, mich weiter geführt hat, als ich wollte. Aber Sie sind ja meine Abschweifungen und Excurse schon gewohnt und halten mir auch diesen zu gut. Ueberhaupt werden Sie von diesen Briefen nicht die concise Form einer Abhandlung verlangt haben, Sie wissen, wie sie nach und nach entstanden sind, und dass ich sie Ihnen einzeln zuschickte, ohne Abschrift zurückzubehalten. Dieser Umstand, der manchen Mangel in der Deduction erklärt und entschuldigen muss, macht es mir auch schwer, jetzt zum Schluss, wie ich gern möchte, eine Uebersicht meines ganzen Systems zu geben. Ich muss also, aber ich kann ja auch, Ihnen selbst dieses Resumé überlassen. Nur auf Einiges will ich aphoristisch hier noch zurückkommen.

Mein Bestreben ging dahin, bis zur Endursache aller Dinge, um mich Leibnitzisch auszudrücken, an der Hand der Naturwissenschaft aufzusteigen und durch sie und von ihr aus zugleich alle wirkenden Ursachen zu erklären. Das führte zu der Einen bei Erschaffung der Welt thätigen Kraft, die als Schöpfungs-, Erhaltungs- und Entwickelungs-Kraft nunmehr für das All und alle Ewigkeit galt und ausreichte. Dass diese Urkraft nur die höchste physikalische Staffel meiner Welterschaffung und Weltordnung sein kann, ist Ihnen nicht entgangen: ich deutete ja vorweg auf den geistigen Hintergrund hin und liess Gott, den Schöpfer und Erhalter, darin vermuthen, wenn ich ihn zuerst auch nur, gleichsam pseudonym, als Schöpfungsgedanken und Schöpfungsgesetz einführte. Dies war ein nothwendiges Postulat des Denkens. Sie werden auch gebilligt haben, dass ich die Erkenntniss des lebendigen Gottes erst aus dem Geiste des Menschen, seinem Ausfluss und Nachbild, hervorgehen liess. Von hier an hat sich dann die Herrschaft des Einen göttlichen Naturgesetzes auch im Reiche des Geistes als die legitime und einzige erwiesen; und dass danach nicht mehr von den getrennten Provinzen der Materie und des Geistes die Rede sein kann, sondern dass es fortan nur ein Gesammtreich ist, scheint mir nur consequent. Die Allgegenwart Gottes durch die Eine, am Anfang in die Welt gelegte und in allen Dingen unendlich fortwirkende geistige Kraft, wird Ihnen einerseits nicht als Pantheismus, andrerseits nicht als ein in Ruhestand setzen Gottes erschienen sein. Das Erstere wäre es nur in der guten und berechtigten Bedeutung, in welcher auch das Christenthum Pantheismus ist. In Beziehung auf das Zweite leuchtet aber ein, dass die Idee von Gott, wonach Er von Ewigkeit her für Alles, vom Grössten bis zum Kleinsten, durch Ein Gesetz für die sichtbare, wie die unsichtbare Welt in alle Ewigkeit Vorsehung getroffen hat, eine des allweisen, ewigen Geistes unendlich würdigere ist, als die kleine, ganz menschliche Vorstellung, wonach Gott wie ein Baumeister, der nicht Alles voraus bedenken und nicht für die Ewigkeit arbeiten konnte, seine Weltmaschine von Zeit zu Zeit wiederschaffend revidiren, hier und da ein neues Rad einsetzen oder die alten repariren und überall schmieren muss, damit die Maschine noch geht. Die ähnliche menschlich gedachte Intervention Gottes in den Gang seiner Welt liegt auch dem dogmatischen Begriff der Wunder zum Grunde und ist Schuld, dass mancher gläubige Christ sich gegen sie als einen Gottes unwürdigen Eingriff in seine selbstgeordneten Naturgesetze sträubt. Der Eingriff fällt weg, sobald wir unser Eines Naturgesetz annehmen, das Wunder aber bleibt nach seinem reinen und unanstössigen Begriff. Denn dieselbe göttliche Schöpfungskraft, welche z. B. alljährlich in den Weinbergen grosse Massen Wassers zu Wein macht, ohne dass es uns wundert, kann eben dasselbe mit Wasser in Krügen thun, ohne dass es ein Wunder im gewöhnlichen Sinne wäre denn es ist dazu kein Eingriff in das bestehende Naturgesetz nöthig, sondern nur ein Willensact Gottes, der nach diesem Gesetze wirkt. Nicht in der Begebenheit, denn sie ist vollkommen naturgesetzmässig, wie jede andere, liegt das Wunder, sondern in der Willens-Intervention Gottes, die ein Wunder der Allwissenheit und Allgüte ist. Wenden Sie dies auf alle Wunder an, die wir glauben, und sie werden es ausreichend finden. Freilich die Wunder, an die wir nicht glauben dürfen, wie z. B., dass etwas zugleich ist und nicht, lassen sich damit nicht auf den richtigen Begriff der Wunder zurückführen, und für sie giebt es denn auch kein anderes Gesetz, als: crede, quia absurdum est.

Hiermit komme ich auf die in den letzten Briefen theils angedeutete, theils mehr ausgeführte Uebereinstimmung der in unserem System gefundenen göttlichen Oeconomie der Welt mit der geoffenbarten Weltordnung unserer positiven Religion. In wem das jedem denkenden Menschen natürliche Streben nach Einheit im Geiste lebendig ist, wird hiermit einverstanden sein oder wenigstens keinen Anstoss daran nehmen. Was würde aber dazu der orthodoxe Naturforscher der doppelten Buchführung sagen, auf den ich bereits früher hindeutete? er, der alle dergleichen Assimilirungen als einen „Mansch" verwirft und vom Glauben zum Wissen keine Brücke weder im Himmel, noch auf Erden finden kann? — Sie wissen, wie ich darüber denke; ich kann mich nicht der Blasphemie schuldig machen, eine ewige und unüberwindliche Kluft zwischen Wissen und Glauben anzunehmen; ich würde damit zu läugnen glauben, dass die Fülle des Geistes Gottes in einer menschlichen Persönlichkeit schon einmal gewohnt hat, und dass kraft dessen die Menschheit seiner auch in Zukunft noch theilhaftig werden kann und soll. So fest ich hiernach aber auch überzeugt, bin, dass die Uebereinstimmung von Glauben und Wissen, von Religion und Wissenschaft von dem Menschen nach den ihm verliehenen Kräften zu suchen ist, so scheint es mir doch, dass man einem Jeden überlassen muss, wie weit er auf diesem Wege gehen zu können glaubt und dass man ihm auf demselben weder helfen kann noch darf. Man kann es nicht, weil es hier auf die eigene, persönliche, dem Geiste eines Jeden angemessene Ueberzeugung ankommt und weil solche durch fremde Hülfe sowohl weniger eigne, als auch weniger Ueberzeugung werden würde. Ein Dritter darf aber bei dieser geistigen inneren Arbeit nicht zwischen Gott und den Menschen treten, weil Niemand im Stande ist, genau zu wissen, in welchem besonderen Verhältniss der Geist seines Nächsten zu dem höchsten Geiste steht, mithin zu besorgen hat, dass er durch seine Einmischung auf der einen Seite mehr stört und zerstört, als er auf der anderen fördert und aufbaut. Denn die Beziehung des Menschen zu Gott, das Wissen von ihm und das Glauben an ihn gestaltet sich in jedem verschiedenen Menschen verschieden, und man sagt gewiss nicht mit Unrecht, dass jeder seine eigene Religion hat. Diese eigene Religion auszubilden, sie mit der gegebenen in Einklang zu setzen und so zu der subjectiv-objectiven Religion zu gelangen, welche die allein richtige und innerliche für jeden Menschen ist, das ist auch das eigene Geschäft und die eigne Verpflichtung jedes Menschen. Und die Fähigkeit dazu ist einem Jeden gegeben, es sei nun durch Glauben und Wissen, oder durch Glauben allein. Denn zum Christenthume gehört nicht vorzugsweise Wissen, sondern Gewissen; es giebt weniger Vorschriften, als vielmehr ein Vorbild; es ist nicht so viel dazu zu lernen, als zu üben; es ist keine Wissenschaft, sondern eine Kunst. Um diese schwere Kunst zu lernen, bedarf es vor Allem des Vertrauens zu dem göttlichen Lehrmeister und seiner Nachfolge. Hiermit kann auch der Nichtwissende sie lernen und durch blosse Uebung, ohne Wissen, in ihr vollkommen werden. Des Glaubens und der Uebung bedarf ebenso der Wissende, und wenn er zugleich sein Wissen anwendet, um in jener Kunst auf die ihm angemessene Weise sich zu vervollkommnen, so thut er nur seine Pflicht, und wird darin seine Genugthuung und seine Ruhe finden, ebenso wie er durch die Nichtanwendung seiner Geistesgaben gewiss unbefriedigt geblieben oder unglücklich geworden wäre. Aber am Ziele angekommen, wird er doch finden und sich eingestehen müssen, dass er damit auch nicht weiter gekommen ist, als zum Ziele aller Geister, zu Gott, und dass der Glaube und die Uebung für ihn, wie für den Nichtwissenden, das Nothwendige war und das Beste gethan hat, um ihn, wie jenen, zum Meister in der christlichen Kunst zu machen. Der Glaube ist das den verschiedensten Kräften gemeinsame Element. Es ist ein Wasser, welches das Kind durchwatet und in welchem ebenwohl der Erwachsene schwimmt; beide kommen an das Ziel; das Kind mit geringerer Gefahr, mit grösserer der Erwachsene, trotz seiner grösseren Kraft; das Kind freilich würde ertrinken, wenn es schwimmen wollte, statt zu waten; der Erwachsene aber soll schwimmen, weil ihm Gott die Kräfte gegeben hat, um sie zu gebrauchen. Er verlässt weder den Schwachen, noch den Starken, wenn jeder von ihnen in dem gemeinsamen Element auf die ihm angemessene Weise verkehrt; und so bringt Er sie Beide ans Ziel: Glauben und Wissen führt Beides zu Gott.

Sehen Sie, wohin ich mich schon wieder verlaufen habe. Was ich vorher sagen wollte, war dies: wenn ich auch auf die Uebereinstimmung, ja Identität der Religion unseres Systems und ihres Naturgesetzes und der positiven Religion und ihres göttlichen Prinzips hinweisen musste und dies zum Theil selbst durch die geoffenbarten Lehren der letzteren zeigen zu können glaubte, so konnte und durfte ich es mir doch nicht einfallen lassen, diese Harmonie auch im Besonderen und Einzelnen darzulegen und durchzuführen. Wer ein Bedürfniss hierzu empfindet, wird selbst den Versuch machen, und gelingt er nicht, so mag er lieber das System verwerfen, als die ihm überlieferte Wahrheit. Er thut gewiss wohl daran, das Sichrere zu wählen. Denn in unsern alten heiligen Urkunden hat er die Wahrheit, die ganze Wahrheit auch in Betreff der Schöpfungsgeschichte, nur mit kindlichen Vorstellungen überkleidet, wie es dem kindlichen Alter des Menschengeschlechts angemessen war; und gewiss enthalten die christlichen Urkunden nichts als Wahrheit über das Verhältniss des Menschen zu Gott und seine Bestimmung, aber diese Wahrheit kann nicht erklärt und gezeigt, sondern sie muss von einem Jeden selbst erfahren und gefunden werden durch eignes Erleben. — Solch inneres, mehr und mehr förderndes und in alle Wahrheit führendes Erleben wünscht Ihnen und sich selbst

Ihr alter Freund

X.

Nach- und Zuschrift.

X. 17. März 1856.

Hiermit, lieber R...., schicke ich Ihnen gedruckt die Briefe wieder, die Sie mir im Original zurückgaben, als wir uns, seit meinem letzten Briefe, in dem Kreise der theuren Freunde wieder zusammenfanden, wo das Edle, Gute und Schöne zu Hause ist. Dort war es mir vergönnt, meine Briefe an Sie vorzulesen und zu commentiren, treffende kritische Bemerkungen über ihren Inhalt zu hören oder freundlichen Anklang dafür zu vernehmen. Da wurde denn auch der Gedanke laut, diese Briefe drucken zu lassen. Sie wissen, dass das meine Absicht für jetzt nicht war; sie sollten nach vorheriger Um- oder doch sorgfältiger Ueberarbeitung einer grösseren Briefsammlung einverleibt werden, welche erst später veröffentlicht werden kann. Aber man meinte, dass der Inhalt der Briefe ein zeitgemässer und nützlicher Beitrag sein könnte in dem gegenwärtigen Streit über Geist und Materie. Wenn ich nun auch über das Zeitgemässe und Nützliche dieser Veröffentlichung aus mehr als Einem Grunde Zweifel hege, so habe ich mich doch, wie Sie sehen, darein gefügt und gebe die Briefe über den Schlüssel zum Weltall so, — bis auf einige Styl-Correcturen — wie ich sie Ihnen schrieb, als einen Versuch beim Publicum. Möge er ein glücklicher sein!

Druck von G. Bernstein in Berlin, Mauerstr. 53.

Druck von G. Bernstein,
Mauer-Strasse 53.

Kolibri 360 GmbH
Ferdinand-Jühlke-Straße 7
99095 Erfurt, Deutschland
produktsicherheit@kolibri360.de